国家电网有限公司
STATE GRID
CORPORATION OF CHINA

电能替代工作指导手册

居民生活领域

国家电网有限公司营销部 ◎编

中国电力出版社
CHINA ELECTRIC POWER PRESS

图书在版编目（CIP）数据

电能替代工作指导手册. 居民生活领域／国家电网有限公司营销部编. —北京：中国
电力出版社，2019.4（2019.11 重印）

ISBN 978-7-5198-3006-9

Ⅰ.①电… Ⅱ.①国… Ⅲ.①电力工业－节能－手册 Ⅳ.① TM92-62

中国版本图书馆 CIP 数据核字（2019）第 054425 号

出版发行：中国电力出版社

地　　址：北京市东城区北京站西街 19 号（邮政编码 100005）

网　　址：http://www.cepp.sgcc.com.cn

责任编辑：杨敏群（010-63412531）

责任校对：黄　蓓　李　楠

装帧设计：锋尚设计

责任印制：钱兴根

印　　刷：北京博海升彩色印刷有限公司

版　　次：2019 年 4 月第一版

印　　次：2019 年 11 月北京第二次印刷

开　　本：710 毫米 ×1000 毫米　16 开本

印　　张：7.25

字　　数：99 千字

定　　价：25.00 元

《电能替代工作指导手册》
丛书编委会

主　　编　谢永胜

副 主 编　唐文升　王继业

委　　员（以姓氏笔画为序）

王　宇　王　鑫　王永会　龙国标　邢其敬　任刘立

闫华光　孙鼎浩　杜　颖　杜维柱　李云亭　杨　进

杨振琦　邱明泉　何　胜　宋天民　张　燕　张兴华

陈吉奂　陈银清　岳红权　秦　楠　郭炳庆　唐志津

梁宝全　梁继清　彭　辉　覃　剑

《电能替代工作指导手册　居民生活领域》
编委会

主　　编　唐文升

副 主 编　孙鼎浩　张兴华　闫华光

委　　员　刘　强　应晔军　赵志新　颜　立　张建民　赵　乐

　　　　　钟　鸣　王　坤

编写人员　（以姓氏笔画为序）

　　　　　马　凯　王奕快　申　鹂　成　岭　朱　林　阮文骏

　　　　　李　磊　李克成　杨　娜　杨敏群　吴　浩　张　旭

　　　　　张　垠　钱梓锋　徐健健　唐健毅　薛云耀

丛书序

实施电能替代是党中央、国务院作出的重大决策部署，对于推动能源生产和消费革命、落实供给侧结构性改革，具有十分重大的意义，是国家电网有限公司打赢蓝天保卫战、满足人民生活更美好需求的重要举措，是国家电网有限公司建设"三型两网"世界一流能源互联网企业的具体实践。2013年以来，国家电网有限公司全面贯彻党中央、国务院决策部署，主动承担央企责任，大力实施电能替代。经过多年努力，电能替代领域从无到有，规模从小到大，推进方式从试点示范到多领域、全覆盖替代，实现了跨越式发展，为促进社会节能减排、改善大气环境作出积极贡献。

为进一步拓展电能替代的广度和深度，推进电能替代工作常态化、制度化、规范化，国家电网有限公司营销部组织中国电科院，国网北京、天津、冀北、山东、浙江、河南、陕西电力，南瑞集团等单位的专业人员和技术专家，对近年来各领域电能替代工作加以总结、提炼，编写了《电能替代工作指导手册》系列丛书。

本丛书共分8册，分别为：

> 电能替代工作指导手册　**供冷供暖领域**

> 电能替代工作指导手册　**港口岸电领域**

> 电能替代工作指导手册　**电驱动装卸领域**

> 电能替代工作指导手册　**居民生活领域**

> 电能替代工作指导手册　**商业餐饮领域**

> 电能替代工作指导手册　**农产品加工仓储领域**

> 电能替代工作指导手册　**农业生产领域**

> 电能替代工作指导手册　**电采暖领域**

后期将根据工作需要，不断补充、完善本丛书。

本丛书内容丰富，语言简练，按照不同领域划分为各分册，各分册均由应用篇、案例篇和附录组成。应用篇介绍的是该领域的工作方法、步骤和流程，阐述如何发掘替代需求，提出典型领域解决方案，注重实用性、操作性，让电能替代工作人员看得懂、记得住、可执行，为开拓市场提供技术指导和支撑。案例篇是在应用篇基础上的具体实践，各案例来源于近年来各省电力公司实施的典型项目，经过筛选及规范整理后收录到丛书中，力求为电能替代工作人员提供借鉴与参考。附录以简单易懂的表现形式普及不同领域电能替代相关技术，供电能替代工作人员拓展专业知识领域，提升技术服务水平。

本丛书的出版发行，将对全面深入推进电能替代工作起到促进作用。

前言

　　随着我国人民群众生活质量的不断提高，广大居民客户终端用能已向安全、经济、舒适、便捷、智能方向进行转变。在居民生活领域，电能已开始了对煤炭、天然气、石油等终端化石能源及生物质能源的广泛替代。当前居民终端用能结构呈现出总体空间量大、个体实用量小、用能比较分散等特点，因此居民生活领域即将成为影响人口最多、技术更新最快、市场空间最大的电能替代领域，从而在根本上推进我国能源生产和消费革命，构建清洁低碳、安全高效的能源体系，促进能源绿色低碳转型、保护生态环境、提高经济社会发展效率效益。

　　《电能替代工作指导手册　居民生活领域》的内容包括应用篇、案例篇和附录。应用篇主要从客户需求调查、典型技术方案比选、项目建设与运维、项目后评价四个方面重点阐述了增量客户、存量客户的潜力项目的需求调研、技术比选、对接商谈、方案推荐、项目实施以及后评价等具体做法。案例篇选取了居民生活领域的示范效应强、借鉴价值高、南方北方兼顾的典型案例进行介绍。附录介绍了居民生活领域的电采暖、电厨炊、电热水器和其他家用电器等的技术和典型技术方案。

本手册可作为电能替代市场拓展一线工作人员开展具体工作的指导书，同时可作为居民生活领域电能替代市场拓展、替代技术、替代方案等理论学习教材。

编者

2019年3月

目录

第一篇

应用篇

▽

　　本篇从客户需求调查、典型技术方案比选、项目建设与运维及项目后评价等方面阐述电采暖、电厨炊、电热水器及其他居民生活领域电能替代技术的应用过程，按照增量客户和存量客户的不同类型，提出了对应的推广方法。

第❶章
客户需求调查

按照居民客户立户情况，居民客户可分为增量客户和存量客户两大类。按照居民客户建设规模和装修水平等情况，增量客户又可细分为集中新装客户、分散新装客户两种类型，存量客户又可细分为集中改造客户、零星购置客户两种类型。

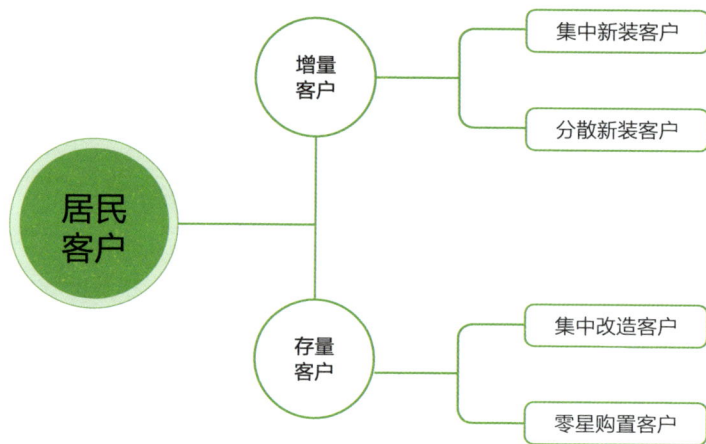

```
                                    ┌─── 集中新装客户
                        增量客户 ────┤
                                    └─── 分散新装客户
居民
客户
                                    ┌─── 集中改造客户
                        存量客户 ────┤
                                    └─── 零星购置客户
```

1.1 增量客户

1.1.1 集中新装客户

集中新装客户主要是指由房地产开发商统一建设，根据小区品质定位，集中采购电采暖、电热水器等用电设备，并统一装修且规模较大的住宅小区。对于此类客户，电能替代的服务对象主要为负责开发建设某地块的房地产开发商。

集中新装客户电能替代工作流程可分为前期调研、潜力评估与技术方案初定、推介商谈和协调推广四个环节，如图1.1所示。

省市公司	客户经理	服务对象（开发商等）	备注

省市公司
- 开始
- 制定工作细则，编制宣传材料
- 业务培训
- 技术指导
- 结束

客户经理
- 1. 前期调研
  - 政府公告
  - 客户资源
  - 行业信息
  - …
  - 基建变压器申请
- 2. 潜力评估与技术方案初定
- 3. 推介商谈
  - 争取认同
  - 辅助技术选型
  - 制定方案
- 4. 协调推广
  - 替代技术指导
  - 业扩配套
  - 驻点样板宣传
  - …
  - 出具证明

服务对象（开发商等）
- 项目立项
- 规划审查
- 认同电能替代
- 替代方案比选
- 确认替代方案
- 基建变压器申请；小区供电方案评审
- 实施电能替代
- 提升小区品质申请补贴等

备注

0. 省市公司制定相关工作细则和宣传材料，并对客户经理进行业务培训。

1. 客户信息获取渠道包括政府公告、客户资源、关联行业信息、基建变压器申请等。

2. 按小区进行潜力评估，并按照已掌握的小区情况审查图纸、建筑方案、结合电网接入能力等其他信息，设定该小区可实施的具体的电采暖、电厨炊、电热水器等数套备选技术方案。

3. 按小区信息进行有针对性的推介商谈，引导用电客户实施电能替代。争取签订综合能源服务战略合作协议。对电力负荷需求较大的电采暖等项目，对接的时间应早于小区管线审查结束前；对电力负荷需求一般的电厨炊、电热水器等项目，初次的对接时间，不应晚于客户基建变报装或小区供电方案评审前。

4. 做好项目跟进及相关辅助工作，确保项目成效。

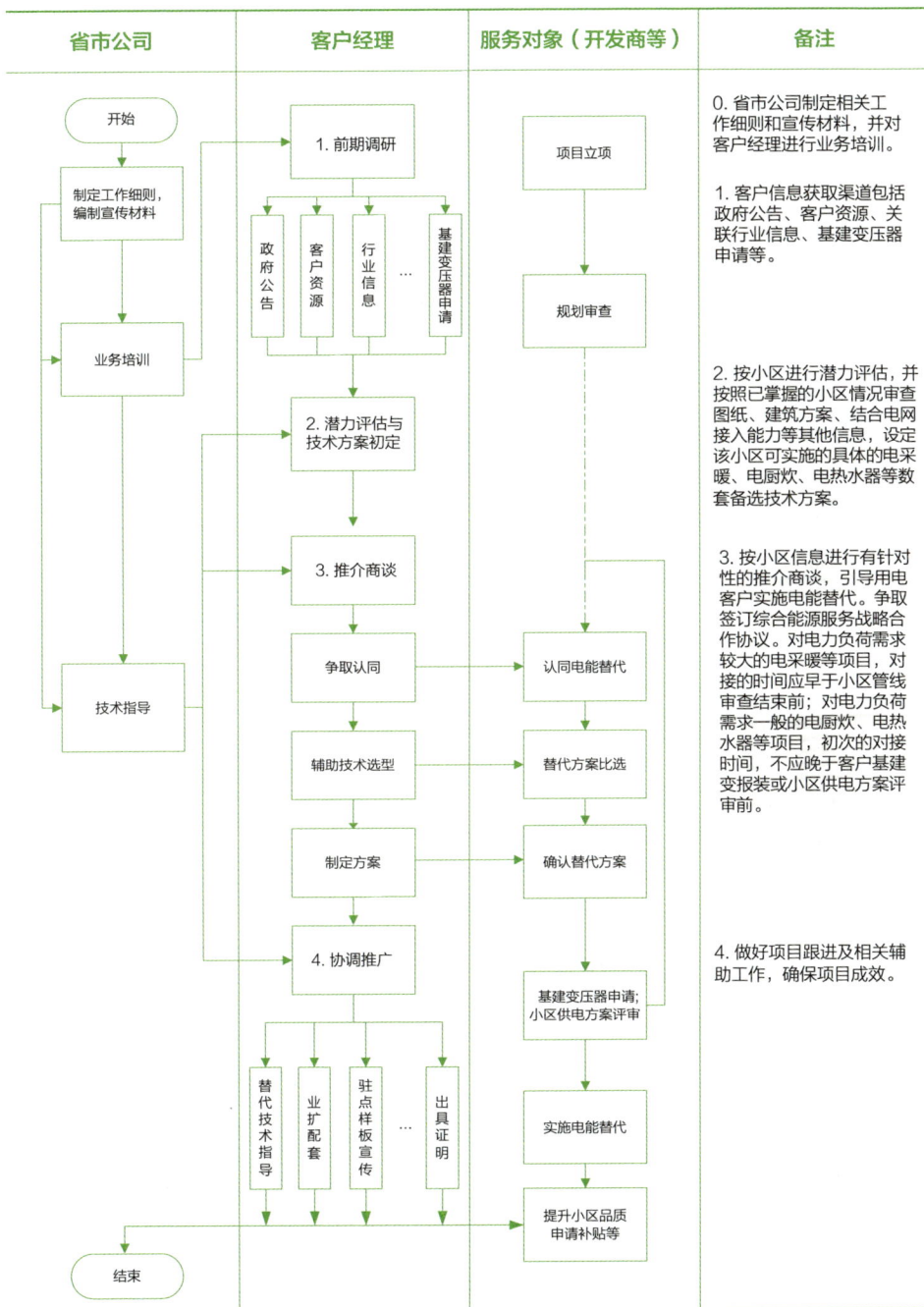

图1.1 集中新装客户电能替代工作流程

一、前期调研

客户经理应通过政府公告、客户资源、关联行业信息及客户办理基建变压器等配套用电申请等多种途径掌握小区建设的信息，形成潜力项目储备库。

政府和规划部门	通过政府和规划部门的公示信息等途径，提前掌握未来两到三年辖区内新建小区信息，其中包括房地产开发商、土地性质、住宅属性、工期期限等。
住建等审批部门、房地产开发商	通过当地住建等审批部门公示、咨询房地产开发商等途径，掌握小区图纸审查进度和设计情况，其中包括总平图审查、管线审查、建筑节能审查等，其中重点关注电气部分的概要设计。
房地产开发商、设计单位	通过咨询房地产开发商、设计单位等途径，掌握小区房屋均价、小区品质、装修水平（精装修、全装修）等信息。
房地产开发商、施工承包单位	通过咨询房地产开发商、小区施工承包单位等途径，掌握基建变压器申请、施工承包建设进度等信息。

二、潜力评估与技术方案初定

根据前期调研情况，以小区为单位进行电能替代潜力评估，重点评估适合该小区的可施行的电能替代技术方案和内容，当地综合能源服务公司进行技术指导。按照已掌握的小区审查图纸、建筑方案、结合电网接入能力等其他信息，设定该小区可实施的具体的电采暖、电厨炊、电热水器等数套备选技术方案。

三、推介商谈

客户经理携初定电采暖等居民生活领域电气化方案与房地产开发商进行对接（一般应有三次对接），对电力负荷需求较大的电采暖等项目，对接的时间应早于小区管线审查结束前；对电力负荷需求一般的电厨炊、电热水器等项目，初次的对接时间，不应晚于客户基建变压器报装或小区供电方案评审前。

初次对接

——解决做不做的问题

引导客户意愿，确定电能替代方案

初次对接时，应以建立初步信任关系为目的，建议由房地产开发商熟悉或信任度较高的客户经理走访对接。

- 客户经理需根据事先掌握的小区定位（住宅属性、装修水平等），向房地产开发商介绍电能替代的优点、对小区品质提升的效益及当地居民生活领域电能替代案例等材料。

- 同时客户经理应告知客户电能替代各技术方案对比和前期需准备的条件等（如采用电采暖等大负荷用电设备时，应考虑相应的配电变压器设备容量、电气线路管道等需要满足配置要求）。

- 若客户具有与供电企业合作的意愿，应与客户签订综合能源服务战略合作协议，方便后续工作开展。

再次对接

——解决做什么的问题

达成合作意向，商定替代内容和方案

再次对接时，应根据客户装修水平等需求，提供针对性强、技术方案完备的电气化方案，包括前期投资成本、后期运行成本、当地补贴政策情况等；同时将方案中涉及的配电变压器设备、电气线路等土建、电气配套纳入客户施工图纸等，为小区品质的提升提供相应的支撑服务。

三次对接

——解决怎么做的问题

确定替代方案，落实工作细节和人员

第三次对接时，应在前两次对接的基础上，携带符合用户意向的详细的电能替代设计方案，以及供电企业掌握（省级代理以上）电能替代设备商家的集中采购优惠价预算等，供客户参考，获得客户对电能替代的最终认可，并和客户确认具体业务对接人员。

对已签订综合能源服务战略合作协议的小区，客户经理可按照协议内容开展各类综合能源服务。诸如为小区样板房、体验区提供电能替代设备、代客户收集电能替代设备商家信息、提供精装修小区电气设备选型的技术支持、入驻小区进行电能替代、居民电气化宣传等。

上述三次对接为非固定化程序，客户经理可按客户实际，以实施电能替代为目标，制定符合客户期望的个性化推介策略（如清洁安全、品质提升、经济实用等）来进行灵活对接。

四、协调推广

客户经理跟踪前期电能替代各项工作，确保小区各项电能替代项目在土建管道、入户电缆及精装修等过程中按计划得到落实，同时提醒和帮助客户或客户具体业务对接人及时办理业扩报装申请，按"一口对外""小前端、大后台"的要求做好电力配套工作，同时按规范及时出具相关电能替代证明材料，为其申请补贴等事宜提供便利条件。

1.1.2 分散新装客户

分散新装客户主要包括城市毛坯房客户、城市二手房客户、农村新建房客户、居民聚集点客户及其他零散装修客户等。电能替代的服务对象主要为客户本人或受客户全权委托的装修公司。

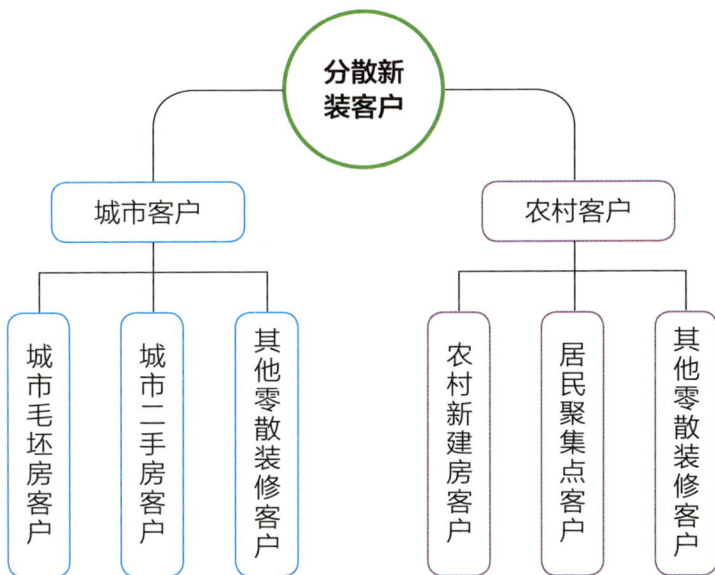

分散新装客户电能替代工作流程可分为前期调研、潜力评估与典型技术方案确立和推介落实三个环节，如图1.2所示。

省市公司	客户经理	服务对象 （分散新装客户）	备注

开始

制定工作细则，编制宣传材料

业务培训

技术指导

结束

1. 前期调研

村委公示　临时用电申请　居民过户申请　大数据分析

2. 潜力评估与典型技术方案确立

城区典型设计　农村典型设计

3. 推介落实

营业厅展示　线上联系　驻点宣传　家电优惠推介　…

城市毛坯房客户　城市二手房客户　农村新建房客户　居民聚集点客户　其他零散装修客户

房屋装修

认同电能替代

确认电能替代方案

实施电能替代

0. 省市公司制定相关工作细则和宣传材料，并对客户经理进行业务培训。

1. 客户信息获取渠道包括村委公示公告、低压临时用电申请、居民过户申请、用电信息采集系统大数据分析等。

2. 以小区或村镇为单位进行电能替代潜力评估，当地综合能源服务公司进行技术指导。

3. 客户经理应按照客户房屋情况，选择当地有针对性的典型电能替代方案进行推介。

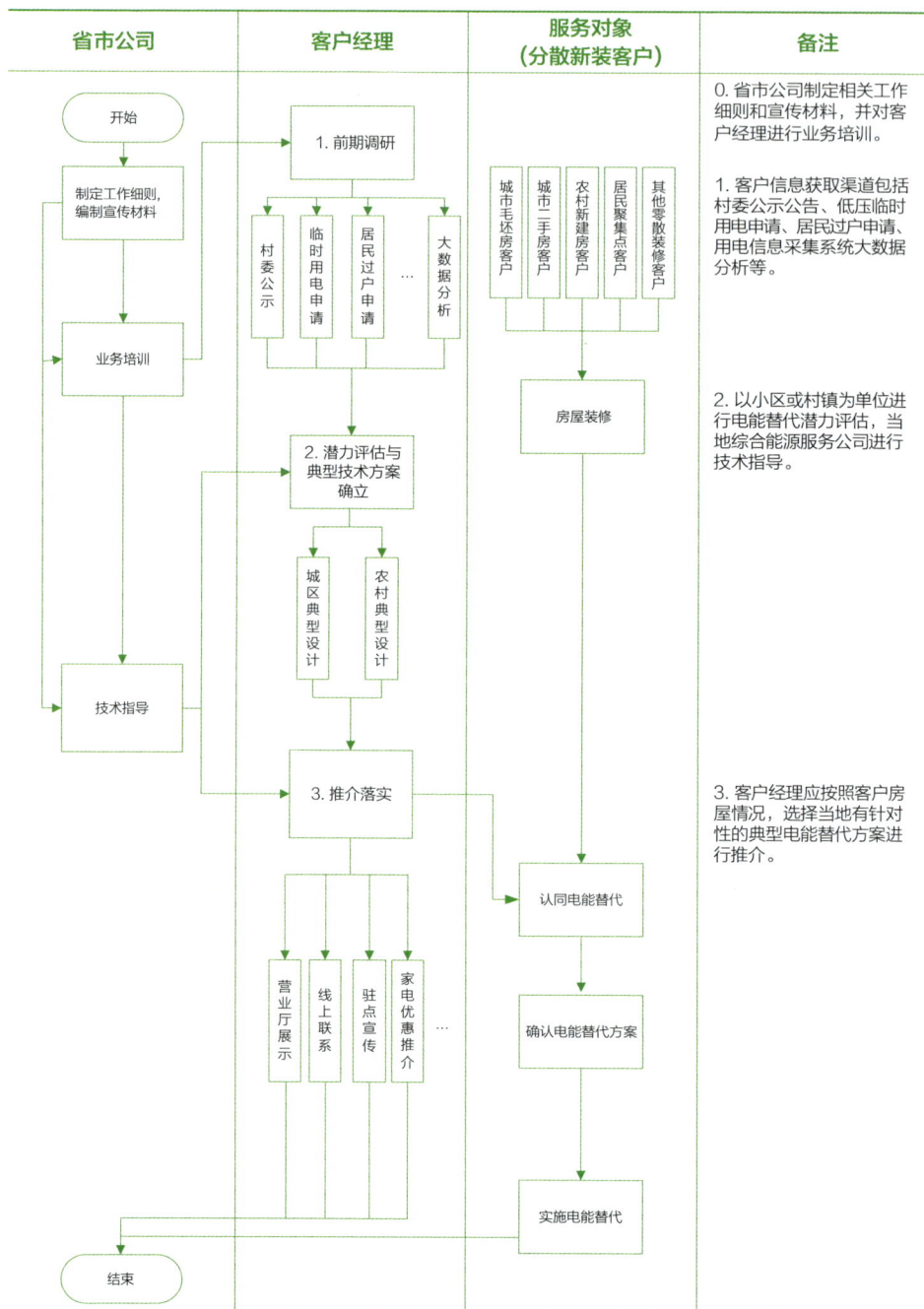

图1.2　分散新装客户电能替代工作流程

一、前期调研

客户经理通过多种途径获知分散新装客户的房屋交付、装修起止等时间节点计划，进而掌握客户的采暖需求、家电购买意愿等装修水平信息。

信息获取渠道

城市分散新装客户

- 营业厅及"网上国网"App受理的毛坯房客户过户申请
- 毛坯房小区零电量客户用电量变化等大数据分析
- 客户在营业厅中全屋电气化、电能替代展示区预留信息
- 装修公司处的全权委托信息

农村分散新装客户

- 街道或村委会公告公示
- 营业厅及"网上国网"App受理的农村用户临时施工用电申请
- 农村用户营业普查
- 客户在营业厅全屋电气化、电能替代展示区预留信息
- 装修公司处的全权委托信息

二、潜力评估与典型技术方案确立

根据前期调研情况，以小区或村镇为单位进行电能替代潜力评估，评估客户还可采用的电能替代技术类别，可由当地综合能源服务公司进行技术指导。对城市毛坯房、居民聚集点等房型相对统一、消费水平差异较小的居民客户，客户经理可按其房屋实际情况制定典型电能替代方案。对城乡用电水平差异较大的地区，应制定典型城区和农村电能替代方案。客户经理按方案评估具体客户潜力及可采用的电能替代设备，考察客户所在配电变压器可开放容量、考虑实施电能替代后需要提前安排配电变压器增容布点等情况。

三、推介落实

客户经理按客户需求，在其装修前通过营业厅家电展示区引导、上门拜访、线上联系、驻点发放宣传单等方式与客户进行对接。客户经理应按照客户房屋情况，选择当地有针对性的典型电能替代方案进行推介。

- 对有条件的客户房屋，客户经理、营业厅人员可向客户提供电气化"一站式"典型解决方案。

- 对规模较大、比较集中的客户，客户经理可依托供电公司资源，向客户推荐团购等优惠活动。

- 通过"网上国网"等App，定向主动推送定制全屋电气化方案、各类电能替代设备活动、居民优化用电方案等，不断提升供电公司在居民领域中的口碑和信任度。

（1.2） 存量客户

1.2.1 集中改造客户

集中改造客户主要是指具有规模化属性，统一进行改造的居民客户。集中改造包括燃煤锅炉改造、储能（蓄热式电暖器）改造等。电能替代的服务对象主要为进行电气化改造的牵头政府职能部门及改造区域内的居民客户等。

集中改造客户电能替代工作流程可分为前期调研、潜力评估与技术方案初定、推介落实和协调推广四个环节，如图1.3所示。

一、前期调研

客户经理应与政府部门（如街道、农村工作委员会）直接对接，掌握煤改电（再电气化）改造范围，结合当地电网现状能力和建设规划方向，推荐适合进行集中改造的村镇。通过政府部门向各镇、村征求意见，了解需要改造的村落明细、人口数量。客户经理按审批通过的确户函信息，调研涉及配电网的网架情况、可开放容量等。

二、潜力评估与技术方案初定

参照当地消费水平、生活习惯等，编制有当地特色的《居民家用电能替代

省市公司	客户经理	服务对象（职能部门、居民客户等）	备注

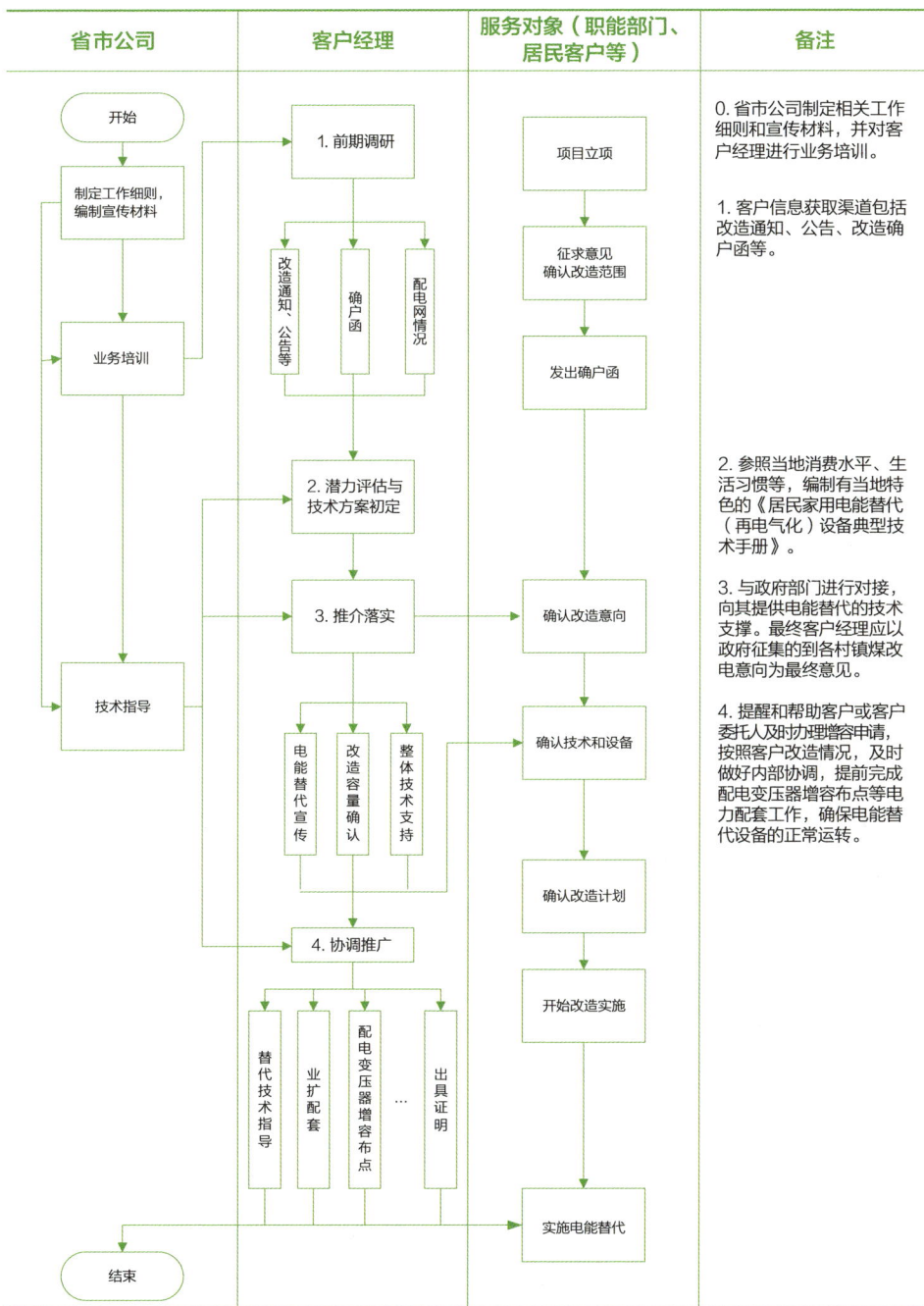

0. 省市公司制定相关工作细则和宣传材料，并对客户经理进行业务培训。

1. 客户信息获取渠道包括改造通知、公告、改造确户函等。

2. 参照当地消费水平、生活习惯等，编制有当地特色的《居民家用电能替代（再电气化）设备典型技术手册》。

3. 与政府部门进行对接，向其提供电能替代的技术支撑。最终客户经理应以政府征集的到各村镇煤改电意向为最终意见。

4. 提醒和帮助客户或客户委托人及时办理增容申请，按照客户改造情况，及时做好内部协调，提前完成配电变压器增容布点等电力配套工作，确保电能替代设备的正常运转。

图1.3　集中改造客户电能替代工作流程

11

（再电气化）设备典型技术手册》。

三、推介落实

客户经理对照电能替代（再电气化）设备典型技术手册与政府部门进行对接，向其提供电能替代的技术支撑。向前来咨询和报装的村委会、居民用户等宣传电采暖的取暖优势，推荐"煤改电"的取暖方式及优点。

客户经理应以政府征集到的各村镇"煤改电"意向为最终意见，按其确认具体的采暖技术和设备，结合当地线路、配电变压器可开放容量情况，协调供电公司运检等部门申请资金、进行配电网改造准备。

四、协调推广

客户经理应主动跟踪对接前期电能替代各项工作进展情况，确保"煤改电"等电能替代项目按计划得到落实。同时提醒和帮助客户或客户委托人及时办理增容申请，按照客户改造情况，及时做好内部协调，提前完成配电变压器增容布点等电力配套工作，确保电能替代设备的正常运转，并为客户或各村镇按规范出具相关电能替代证明材料，为其申请补贴提供便利条件。

1.2.2 零星购置客户

零星购置客户主要是指房屋已装修完成，随着生活水平的不断提高，对生活品质要求更高，对采暖、电气化水平提高有新的需求的客户。电能替代的服务对象主要为客户本人或其家电设备购买的决策者。

零星购置客户电能替代工作流程可分为前期调研、潜力评估与典型技术方案确立和推介落实三个环节，如图1.4所示。

一、前期调研

客户经理通过用户用电信息大数据分析（如通过日电量分析得出的居民入住情况；通过年度、季度居民住宅用电量分析，得出居民用电量水平、替代潜力等信息）、用电变更申请、用电检查、营业普查等方式，收集辖区内存量客户对电

省市公司	客户经理	服务对象（居民客户及家电购买决策者等）	备注

```
省市公司:                客户经理:                    服务对象:                    备注:

  开始                  1.前期调研                 购买家电需求           0.省市公司制定相关工作
                                                                          细则和宣传材料，并对客
制定工作细则,         营业厅展示  大数据分析                             户经理进行业务培训。
编制宣传材料          用电变更申请  …  营业普查
                                                                        1.客户信息获取渠道：营
  业务培训             2.潜力评估与                                       业厅用电信息大数据分析；
                      典型技术方案确立                                   用电变更申请；营业普
                                                                        查等。
                      城区典设  农村典设
                                                                        2.通过大数据分析，参照当
  技术指导                                                               地消费水平、生活习惯等，
                                                                        评估电能替代潜力，编制有
                      3.推介落实                                         当地特色的城区、农村居民
                                                                        生活领域典型技术方案。并
                      应用软件推广  营业厅推广  驻点流动推广             按当地终端能源消费结构、
                                                                        市场价格、设备品牌等情况
                                              购买家电                 的变化进行滚动更新。

                                              使用家电                 3.通过线上联系、预约上门
                                                                        等方式进行电能替代的推
  结束                                                                   介。在日常推广过程中，
                                                                        客户经理、营业厅人员要
                                                                        结合各类线上应用软件
                                                                        APP、线下营业厅和居民
                                                                        小区现场布展等多种形式
                                                                        开展丰富多彩的推介活动。
                                                                        通过"网上国网"App,
                                                                        向用户主动推送定制全屋
                                                                        电气化方案、各类电能替
                                                                        代设备活动、居民优化用
                                                                        电方案等。针对不同消费
                                                                        水平、不同需求的居民客
                                                                        户群体进行细分，充分利
                                                                        用客户画像等电力营销大
                                                                        数据分析结果，进行差异
                                                                        化推广活动。
```

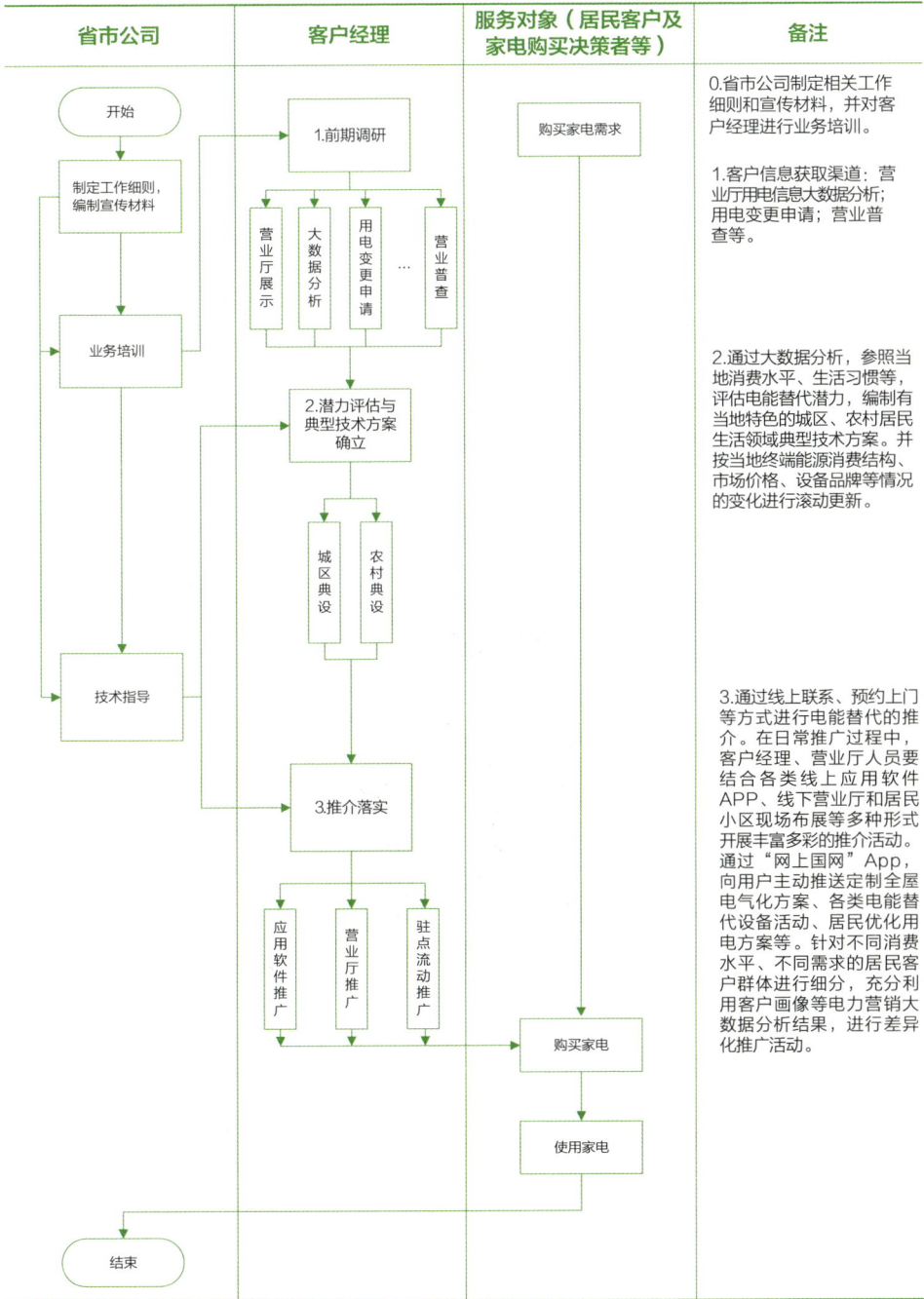

图1.4 零星购置客户电能替代工作流程

气化家电的需求、电能替代改造意愿等信息；同时，客户经理需要调研客户对应供电侧的配电变压器可开放容量、供电线路、计量装置等，以及客户内部线路是否能够满足客户电能替代改造的需求。

二、潜力评估与典型技术方案确立

通过大数据分析，参照当地消费水平、生活习惯等，评估电能替代潜力，编制有当地特色的城区、农村居民生活领域典型技术方案。综合能源服务公司提供技术支撑，并按当地终端能源消费结构、市场价格、设备品牌等情况的变化进行滚动更新。

三、推介落实

客户经理按客户需求，通过线上联系、预约上门等方式进行电能替代的推介。在日常推广过程中，客户经理、营业厅人员要结合各类线上应用软件APP、线下营业厅和居民小区现场布展等多种形式开展丰富多彩的推介活动。

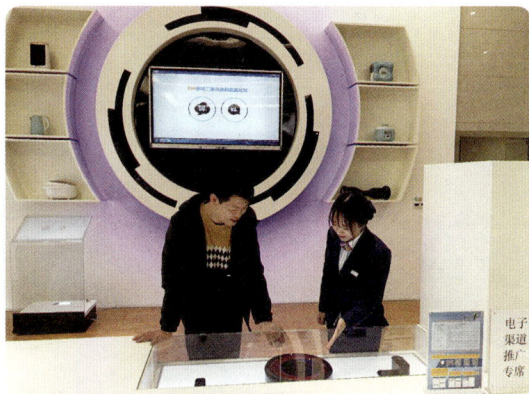

客户经理开展推介活动

推介活动应针对不同消费水平、不同需求的居民客户群体进行细分，充分利用客户画像（收入水平等）等电力营销大数据分析结果，进行个性化、差异化推广活动（见表1.1）。如在同等条件下，对中高收入人群应优先推送定制全屋电气化方案；对4A级信用用户优先推送居民优化用电方案、各类电能替代设备活动等；对农村用户优先推送带家电下乡补贴的家电；对通过"网上国网"App购置家电的用户提供家电使用的在线服务等。

表1.1　　　　居民生活领域零星购置客户电能替代推介重点

客户画像特征	特征简要说明*	推介方案						
		全屋电气化	家电时节推广	家电团购活动	家电使用安全	居民优化用电	家电下乡信息	所在区域驻点
中高收入人群	每月电费较当地水平为高	✓	✓		✓	✓		✓
4A级及以上信用客户	电费交纳信誉良好	✓	✓	✓	✓	✓		
线上支付用户	倾向于支付宝等线上交费方式	✓	✓	✓	✓	✓	✓	
农村居民客户	城乡类别为农村		✓	✓	✓		✓	
煤改电客户	台区变压器"煤改电"标记			✓	✓	✓		✓
电能比较低客户	四（多）表合一客户	✓	✓	✓	✓			✓
户均电量较低潜力客户	同在前七级、用电地址相同区域且户均电量相对偏低客户			✓	✓	✓		✓
光伏上网客户	关联光伏发电用电类别客户	✓			✓	✓	✓	✓
各地市按当地实际编制补充								

*特征简要说明各省市可自定。

第 ② 章
典型技术方案比选

② 常用替代技术

居民生活领域电能替代技术按设备类型，主要可分为居民电采暖、家用电厨炊、家用电热水器和居民其他家用电器等技术领域。

2.1.1 居民电采暖

电采暖技术根据"电—热"转换方式、技术路线等的不同，可分为直热式、蓄热式、热泵式三类（见表1.2）。直热式、热泵式电采暖设备断电即停止制热，属即热式设备，对供电依赖性高；蓄热式电采暖设备断电后可利用蓄热放热，在一定时间内保障供暖，具有一定的抗断电承受能力。

直热式电采暖设备通过电热元件将电能直接转换为热能，在配电网允许的地区均适用；蓄热式电采暖设备可将热能存储在蓄热介质中，因此可充分利用峰谷电价政策节约采暖成本；热泵式电采暖设备利用少量电能，通过热泵系统将热量从低位热源传送到高位以满足供暖需求，因此该类设备节能高效，且运行成本低。

表1.2 常见电采暖设备分析

技术类别	技术原理	设备种类	散热方式	供电依赖性
直热式	通过电热元件将电能直接转换为热能，并以对流或辐射散热的方式直接供暖	碳晶、石墨烯	自然辐射、对流	停电后即停止制热供暖
		电热膜	自然辐射、对流	
		发热电缆	自然辐射、对流	

续表

技术类别	技术原理	设备种类	散热方式	供电依赖性
蓄热式	谷电时段，将电能转换成热能，并将热能存储在蓄热介质中，需要时将存储的热量释放出来供暖	蓄热电锅炉	水循环	停电后可利用蓄热放热，在一定时间内满足供暖需求
		蓄热电暖器	自然辐射、对流	
热泵式	利用少量电能，通过热泵系统将热量从低位热源传送到高位，以满足供暖需求	空气源热泵、地源热泵、水源热泵	水循环（风机盘管）	停电即停止制热供暖

一、碳晶

碳晶实物图

优点

（1）**高效节能，经济实用。** 碳晶综合热效率可达到98%以上，远高于其他类型能源采暖方式，运行成本更经济实惠。

（2）**施工方便，美观大方。** 碳晶采暖中的墙暖设备，不需要穿墙打孔，安装便捷、不占空间，并且可做成壁画，美观大方。

缺点

（1）碳晶是块状产品，接头需严格处理，对前期安装质量要求较高。

（2）功率较大，对负荷要求较高。

适用范围 ▶ 适用于所有家庭住宅，尤其是已装修房屋，特别适用于天然气无法供应的商住楼宇。

二、电热膜

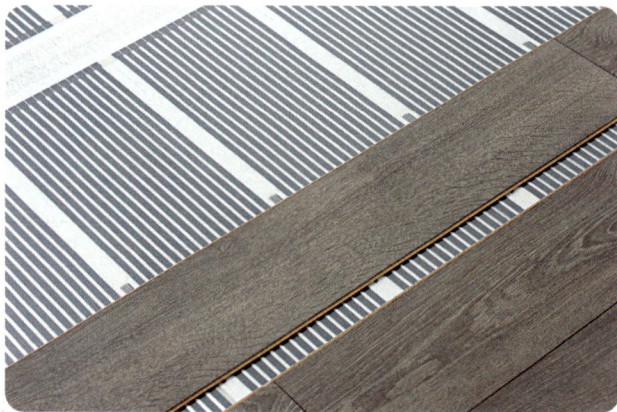

电热膜实物图

优点

（1）**厚度最薄，节省层高。**电热膜不需要水泥回填，是最薄的电地暖，占用屋内层高最少。

（2）**高效节能，经济实用。**电热膜综合热效率可以达到98%以上，远高于其他类型能源采暖方式，前期投资成本及后期运行成本均较低。

缺点

（1）对地板品质要求较高。

（2）功率较大，对负荷要求较高。

适用范围 ▶ 适用于所有家庭住宅，尤其是层高相对较低的房屋，特别适用于天然气无法供应的商住楼宇。

三、发热电缆

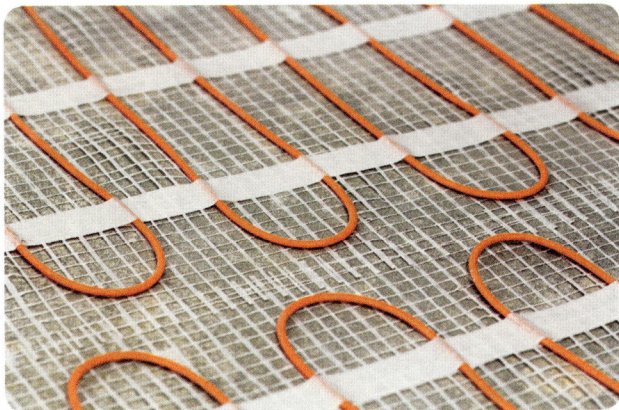

发热电缆实物图

优点

（1）**高效节能，经济实用。**发热电缆综合热效率可达到98%以上，远高于其他类型能源采暖方式，前期投资成本及后期运行成本均较低。

（2）**控制精准，按需配置。**发热电缆可按需配置安装，可实现分户、分室、分区域控制，温度控制精度高，可控性强。

缺点

（1）发热电缆一旦有坏区，需要全部更换。

（2）发热电缆功率较大，对负荷要求较高。

适用范围 ▶ 适用于所有家庭住宅，特别适用于天然气无法供应的商住楼宇。

四、空气源热泵

空气源热泵地暖外机

优点

（1）**一机三用，综合全面**。空气源热泵能实现供热、供冷、供热水等多种功能，满足家庭多种需求。

（2）**高效节能，经济实用**。空气源热泵综合效率可达到300%以上，远高于其他类型能源采暖方式，后期运行成本最低。

缺点

（1）前期资金投入较多。

（2）设备占用空间较大。

（3）在北方地区使用时，非常容易因为低温出现结霜的情况。

适用范围 ▶ 适用于排屋、别墅、大型自建住宅等具有较大安装空间的房屋。

五、蓄热电暖器

蓄热电暖器实物图

优点

（1）**安装便捷，移动方便。**蓄热电暖器安装方便，不需要专业人士，客户本人即可操作完成；在家中可随意移动，使用方便。

（2）**经济实用，更加实惠。**蓄热电暖器将夜间廉价的低谷电转化为热量存储起来，可供全天使用，运行成本更经济实惠。

缺点

（1）功率较大，对负荷要求较高。

（2）占用屋内空间，美观性较差。

适用范围 ▶ 适用于选择峰谷电的住宅用户，特别适用于天然气无法供应的商住楼宇。

2.1.2　家用电厨炊

家用电厨炊应用较为广泛的有电磁炉、电陶炉、电饭锅、电蒸锅、电开水壶等设备。这里以电磁炉为例进行介绍。

电磁炉实物图

优点

（1）**安全性高**。电磁炉不产生明火，不会产生煤气泄漏、燃爆等安全事故。

（2）**节能高效**。电磁炉是锅体自身发热，非明火加热，减少了热量传递损失，因而其热效率可达80%～92%以上，节能效果非常明显。

（3）**清洁环保**。电磁炉没有燃料残渍和废气污染，因而锅具、炉具都非常容易清洁。

（4）**方便快捷**。电磁炉一般具备"一键操作"指示，精确控制烹饪温度，既节能又保证食品的美味，同时具有定时功能，十分便利。

缺点

使用时对锅的材质有特定要求，必须为铁质或合金钢。

适用范围 ▶ 适用于各种居民小区、农村家庭等，特别适用于对安全性要求比较高（如独居老人或行动不便人群的家庭）、限制明火使用的场所（如木质结构古建筑），以及天然气无法供应的商住楼宇等。

2.1.3 家用电热水器

一、储水式电热水器

储水式电热水器实物图

优点

（1）**安全清洁**。储水式电热水器安全性能较高，无污染物排放。

（2）**便捷稳定**。储水式电热水器出水量大，水温稳定，能够满足多路供水。

（3）**简单方便**。储水式电热水器安装简单，使用方便，不受天然气楼层气压差异的影响。

缺点

（1）储水式电热水器体积较大，占用卫生间空间。

（2）使用前需要预热，且无法满足连续使用热水的需求，超出额定水量需再次加热，等待时间较长。

（3）使用完成后，未用完的热水会慢慢冷却，造成浪费。

适用范围 ▶ 适用于各种居民小区、农村家庭等，特别适用于天然气无法供应的商住楼宇热水供应。

二、即热式电热水器

即热式电热水器实物图

优点

（1）**高效节能**。即热式电热水器加热非常快，一般几秒钟就可为用户提供温度适宜的热水，减少用户的等待时间。同时，由于使用时间短，即热式热水器运行成本也较低。

（2）**节约空间**。即热式电热水器无储水箱，体积较小，节省安装空间。

（3）**恒温舒适**。即热式电热水器温度控制精准，使用前调好温度，热水器将保持恒温出水。

适用范围 ▶ 适用于天然气无法供应的商住楼宇热水供应，特别适用于供电容量充足的新建小区、别墅、排屋等。

缺点

即热式电热水器功率较大，对供电线路及负荷要求较高。

2.2 经济技术方案比选

2.2.1 居民电采暖经济技术方案

居民家庭采暖方式可以分为地暖和墙暖。地暖是通过地板辐射层中的热媒，均匀加热整个地面，利用地面热量向上辐射的规律进行取暖。墙暖是通过墙面上的暖气片、碳晶板等热辐射的方式进行取暖。采暖方式、采暖设备、采暖面积等对环保指数、安全指数、投资成本、运行成本等都存在差异，需要进行经济技术比较后推荐最佳方案。

一、地暖类

典型方案一

90m² 户型地暖方案（见表1.3）

90m² 以下住宅安装地暖可采用碳晶、电热膜、发热电缆、电锅炉等电采暖方式及燃气采暖方式，电采暖需新增供电负荷约8kW。

前期投资成本 ▶ 碳晶地暖约为1.6万元，电热膜/发热电缆地暖约为1.35万元，燃气地暖约为2.2万元。

后期运行成本 ▶ 电采暖（不含电锅炉）按每天运行13h、燃气采暖按每天运行24h计算，电采暖月费用最低约为1118元、燃气地暖月费用约为2000元（以浙江省2018年第三挡电价、气价计算）。

表1.3　　　　　　　　　　　90m²户型地暖方案（两室一厅）

类型	碳晶地暖	电热膜/发热电缆地暖	电锅炉地暖	燃气地暖
增加供电负荷	约8kW	约8kW	约8kW	—
环保指数	★★★★★	★★★★★	★★★★★	★★★★☆
安全指数	★★★★★	★★★★★	★★★★★	★★★★☆
运维便捷性	★★★★★	★★★★★	★★★★☆	★★★★☆
投资成本	约1.6万元	约1.35万元	约1.35万元	约2.2万元
运行时间	18：00—次日7：00	18：00—次日7：00	24h	24h
月采暖能耗	约1560kWh	约1560kWh	约3500kWh	约430m³
月碳排放量	—	—		约820kg
平均单价	峰谷电价	峰谷电价	峰谷电价	4.65元/m³
月费用（以浙江省2018年第三挡电价、气价计算）	约1118元	约1118元	约2567元	约2000元
推荐方式	√	√		

　　综合考虑环保、安全指数、运行便捷性及前期投资成本和后期运行成本等因素，90m²以下住宅安装地暖建议使用碳晶、电热膜或发热电缆地暖。

典型方案二

120m²户型地暖方案（见表1.4）

120m²左右住宅安装地暖可采用碳晶、电热膜、发热电缆、电锅炉、空气源热泵等电采暖方式以及燃气采暖方式，空气源热泵地暖所需负荷约为5kW，其他电采暖技术所需负荷约为11kW。

前期投资成本 ▶ 空气源热泵采暖约为3.9万元，其他电采暖约为2万元，燃气地暖约为2.5万元。

后期运行成本 ▶ 空气源热泵、电锅炉采暖按每天运行24h、其他电采暖按每天运行13h、燃气采暖按每天运行24h计算，空气源热泵采暖月费用约为1247元、其他电采暖月费用约为1538元、燃气采暖月费用约为2900元（以浙江省2018年第三挡电价、气价计算）。

表1.4　　　　　　120m²户型地暖方案（三室一厅）

类型	碳晶地暖	电热膜/发热电缆	电锅炉地暖	空气源热泵地暖	燃气地暖
增加供电负荷	10～11kW	10～11kW	11～12kW	4.5～5.5kW	—
环保指数	★★★★★	★★★★★	★★★★★	★★★★★	★★★★☆
安全指数	★★★★★	★★★★★	★★★★★	★★★★★	★★★★☆
运维便捷性	★★★★★	★★★★★	★★★★☆	★★★★☆	★★★★☆
投资成本	约2.2万元	约1.7万元	约1.8万元	约3.9万元	约2.5万元
运行时间	18：00—次日7：00	18：00—次日7：00	24h	24h	24h
月采暖能耗	约2060kWh	约2060kWh	约4640kWh	约1570kWh	约570m³
月碳排放量	—	—	—	—	约1100kg

续表

类型	碳晶地暖	电热膜/发热电缆	电锅炉地暖	空气源热泵地暖	燃气地暖
平均单价	峰谷电价	峰谷电价	峰谷电价	峰谷电价	4.65元/m³
月费用（以浙江省2018年第三挡电价、气价计算）	约1538元	约1538元	约3690元	约1247元	约2900元
推荐方式	√	√		√	

综合考虑环保、安全指数、运行便捷性及前期投资和后期运行成本等因素，120m²左右住宅安装地暖建议使用碳晶、电热膜、发热电缆地暖，有较大安装空间的家庭建议安装空气源热泵地暖。

典型
方案三

180m²以上户型地暖方案（见表1.5）

180m²以上住宅安装地暖可采用碳晶、电热膜、发热电缆、电锅炉、空气源热泵等电采暖方式及燃气采暖方式，空气源热泵地暖所需负荷约为8kW，其他电采暖技术所需负荷约为16kW。

前期投资成本 ▶ 空气源热泵采暖约为5.4万元、其他电采暖约为3万元、燃气地暖约为3.4万元。

后期运行成本 ▶ 空气源热泵采暖按每天运行24h、其他电采暖按每天运行13h、燃气采暖按每天运行24h计算，空气源热泵采暖月费用约为1833元、其他电采暖月费用约为2236元、燃气采暖月费用约为4000元（以浙江省2018年第三挡电价、气价计算）。

表1.5　　　　　　　180m^{2}户型地暖方案（别墅/排屋/自建房）

类型	碳晶地暖	电热膜/发热电缆	电锅炉地暖	空气源热泵地暖	燃气地暖
增加供电负荷	约16kW	约16kW	16～18kW	7～9kW	—
环保指数	★★★★★	★★★★★	★★★★★	★★★★★	★★★★☆
安全指数	★★★★★	★★★★★	★★★★★	★★★★★	★★★★☆
运维便捷性	★★★★★	★★★★★	★★★★☆	★★★★★	★★★★☆
投资成本	约3.3万元	约2.7万元	约2.9万元	约5.4万元	约3.4万元
运行时间	18：00—次日7：00	18：00—次日7：00	24h	24h	24h
月采暖能耗	约3120kWh	约3120kWh	约7000kWh	约2500kWh	约860m^3
月碳排放量	—	—	—	—	约1600kg
平均单价	峰谷电价	峰谷电价	峰谷电价	峰谷电价	4.65元/m^3
月费用（以浙江省2018年第三挡电价、气价计算）	约2236元	约2236元	约5134元	约1833元	约4000元
推荐方式				√	

　　综合考虑环保、安全指数、运行便捷性及前期投资和后期运行成本等因素，180m^{2}以上住宅安装地暖建议使用空气源热泵地暖。

二、墙暖类

典型方案一

90m^{2}户型墙暖方案（见表1.6）

90m^{2}以下住宅安装墙暖可采用电锅炉暖气片、碳晶板、电暖气（踢脚线）等电采暖方式及燃气暖气片采暖。电采暖所需负荷约为8kW。

前期投资成本 ▶ 电锅炉暖气片约为1.5万元，碳晶板采暖约为0.75万元，电暖器（踢脚线）约为0.8万元，燃气暖气片采暖约为1.5万元。

后期运行成本 ▶ 电采暖月费用约为1200元，燃气采暖月费用约为1400元（以浙江省2018年第三挡电价、气价计算）。

表1.6　　　　　90m^{2}户型墙暖方案（两室一厅）

类型	电锅炉暖气片	碳晶板	电暖器（踢脚线）	燃气暖气片
增加供电负荷	8~9kW	8~9kW	约8kW	—
环保指数	★★★★★	★★★★★	★★★★★	★★★★☆
安全指数	★★★★★	★★★★★	★★★★★	★★★★☆
安装便利性	★★★★☆	★★★★★	★★★★★	★★★★☆
运维便捷性	★★★★☆	★★★★★	★★★★★	★★★★☆
投资成本	约1.5万元	约0.75万元	约0.8万元	约1.5万元
运行时间	18：00—次日7：00	18：00—次日7：00	18：00—次日7：00	18：00—次日7：00
月采暖能耗	约2470kWh	约1800kWh	约1560kWh	约300m^3
月碳排放量	—	—	—	约570kg
平均单价	峰谷电价	峰谷电价	峰谷电价	4.65元/m^3

续表

类型	电锅炉暖气片	碳晶板	电暖器（踢脚线）	燃气暖气片
月费用（以浙江省2018年第三挡电价、气价计算）	约1722元	约1260元	约1085元	约1400元
推荐方式		√	√	

综合考虑环保、安全指数、运行便捷性以及前期投资和后期运行成本等因素，90m²以下住宅安装墙暖建议使用电暖气（踢脚线）或碳晶板墙暖。对于已装修房屋，这两种墙暖方式不需要穿墙打孔，安装便捷，碳晶板还可做成壁画，美观大方。

典型方案二

120m²户型墙暖方案（见表1.7）

120m²住宅安装墙暖可采用电锅炉暖气片、碳晶板、电暖气（踢脚线）等电采暖方式及燃气暖气片采暖。电采暖所需负荷约为11kW。

前期投资成本 ▶ 电锅炉暖气片约为2.0万元，碳晶板约为1.0万元，电暖器（踢脚线）约为1.1万元，燃气暖气片采暖约为2.0万元。

后期运行成本 ▶ 电采暖月费用约为1446元，燃气采暖月费用约为1860元（以浙江省2018年第三挡电价、气价计算）。

表1.7　　　　　　　　120m²户型墙暖方案（三室一厅）

类型	电锅炉暖气片	碳晶板	电暖器（踢脚线）	燃气暖气片
增加电负荷	11~12kW	11~12kW	约11kW	—
环保指数	★★★★★	★★★★★	★★★★★	★★★★☆
安全指数	★★★★★	★★★★★	★★★★★	★★★★☆

类型	电锅炉暖气片	碳晶板	电暖器（踢脚线）	燃气暖气片
安装便利性	★★★★☆	★★★★★	★★★★★	★★★★☆
运维便捷性	★★★★☆	★★★★★	★★★★★	★★★★☆
投资成本	约2.0万元	约1.0万元	约1.1万元	约2.0万元
运行时间	18：00—次日7：00	18：00—次日7：00	18：00—次日7：00	18：00—次日7：00
月采暖能耗	约3290kWh	约2400kWh	约2080kWh	约400m³
月碳排放量	—	—	—	约760kg
平均单价	峰谷电价	峰谷电价	峰谷电价	4.65元/m³
月费用（以浙江省2018年第三挡电价、气价计算）	约2295元	约1680元	约1446元	约1860元
推荐方式		√	√	

> 综合考虑环保、安全指数、运行便捷性以及前期投资和后期运行成本等因素，120m²左右住宅安装墙暖建议使用电暖气（踢脚线）或碳晶板墙暖。同时对于已装修房屋，这两种墙暖方式不需要穿墙打孔，安装便捷，另外碳晶板还可做成壁画，美观大方。

2.2.2 家用电厨炊经济技术方案

家庭厨房灶具可选用电磁炉或燃气炉，电磁炉所需增加负荷为1.5～3kW。家庭厨房灶具方案见表1.8。

前期投资成本 ▶ 电磁炉约为1500元，燃气炉约为2500元。

后期运行成本 ▶ 电磁炉月费用约为42元，燃气炉月费用约为70元（以浙江省2018年第三挡电价、气价计算）。

表1.8　　　　　　　　　　家庭厨房灶具方案

类型	电磁炉	燃气炉
增加供电负荷	1.5~3kW	—
安全指数	★★★★★	★★★☆☆
环保指数	★★★★★	★★★★☆
清洁指数	★★★★★	★★★☆☆
投资成本	1000~2500元	1000~3000元
每天运行时间	约1h	约1h
月能耗	约60kWh	约15m³
月碳排放量	—	约28kg
平均单价	峰谷电价	4.65元/m³
月费用（以浙江省2018年第三挡电价、气价计算）	约42元	约70元
推荐方式	√	

> 综合考虑环保、安全、清洁指数及前期投资和后期运行成本等因素，家庭厨房灶具建议使用电磁炉。同时，电磁炉特别适用于天然气无法供应的商住楼宇、限制明火使用的场所等。

2.2.3　家用电热水器经济技术方案

家庭热水器可选用电热水器或燃气热水器。储水式热水器所需增加负荷为1.2~3kW，即热式热水器所需增加负荷为3~10kW；储水式热水器前期投资成本为600~2000元，即热式热水器前期投资成本为1000~2500元。燃气热水器前期投资成本为1500~5000元。经测算，储水式热水器月费用约为36元，即热式热水器月费用约为24元，燃气热水器月费用约为24.8元。家庭热水器典型方案见表1.9。

表1.9　　　　　　　　　　家庭热水器典型方案

类型	储水式电热水器	即热式电热水器	燃气热水器
增加供电负荷	1.2~3kW	3~10kW	—
安全指数	★★★★★	★★★★★	★★★★★
环保指数	★★★★★	★★★★★	★★★★☆
方便指数	★★★★☆	★★★★★	★★★★★
投资成本	600~2000元	1000~2500元	1500~5000元
每天运行时间	约1h	约0.4h	约0.5h
月能耗	约90kWh	约60kWh	约8m³
月碳排放量	—	—	约15kg
平均单价	峰谷电价	峰谷电价	3.1元/m³
月费用（按第一阶梯电价、气价计算）	约36元	约24元	约24.8元
推荐方式		√	

> 综合考虑环保、安全、方便指数及前期投资和后期运行成本等因素，在小区供电负荷充裕的情况下建议使用即热式电热水器。同时，电热水器特别适用于天然气无法供应的商住楼宇。

(2.3) 典型应用方案配置

2.3.1　居民电采暖典型应用方案

居民采暖可采用直热型、蓄热型、热泵型、组合型等多种配置方案，需要结合采暖面积、峰谷价差、气候条件、地理位置等因素，经过经济技术比较后确定最优方案配置。

一、直热式电采暖典型方案——发热电缆

（一）方案介绍

以100m^{2}的普通新装修住宅为例，实际采暖面积约为80m^2，按照130W/m^{2}采暖功率配置，则需要配置发热电缆总功率约10kW。发热电缆采用地暖安装，在硬装潢期间完成安装，电缆之间采用串联连接。采暖装置配置温控器，在需要采暖时发热电缆工作，温度上升；当温度上升到设定值时，温控器动作，发热电缆停止工作；当温度下降到一定值时，温控器再次动作，发热电缆重新开始加热。

（二）方案特点及适用场景

方案特点　　发热电缆功率配置与建筑所处地理位置、房屋结构、保温情况等有较大关系，对于保温性能一般的房屋可按照110~140W/m^{2}采暖功率进行配置。该电采暖方案相对于其他类型"水地暖"方案具有升温速度快、控制精准等特点。

适用场景　　该方案特别适合局部采暖的场合，可分区分房控制。以地暖方式安装的电采暖设备，适用于房屋新装修时同步施工。

二、蓄热式电采暖典型方案——蓄热电暖器

（一）方案介绍

以某居民采暖用户为例，建筑面积约100m^2，房屋保温情况一般。由于房屋已完成装修，采用蓄热电暖器取暖。共采用蓄热电暖器3台，分别放置于客厅和两个卧室，合计功率约8kW，系统配有温控、定时等功能，在夜间低谷电价时段进行蓄热，其他时段放热，全年供暖期约120天。

（二）方案特点及适用场景

方案特点　该方案适用于有供暖需求并开通峰谷电价的电采暖改造用户。电暖器基本在夜间低谷电价时段进行蓄热，整体运行成本较低。

适用场景　该方案适用于供暖期较长的居民用户；适用于已装修的用户，无须改变房屋原有装修即能满足采暖需求，且能实现分区控制。

三、热泵式电采暖典型方案——地源热泵

（一）方案介绍

某商住楼宇供热总面积8700m²，采用地源热泵进行采暖，并能够满足制冷需求，其方案示意如图1.5所示。冷指标按照100W/m²计算，热指标按照80W/m²计算，得到总的冷负荷为870kW，热负荷为696kW。采用2台100kW的地源热泵主机，每台制冷量464.6kW，制热量458.5kW，能够满足采暖、制冷需求。

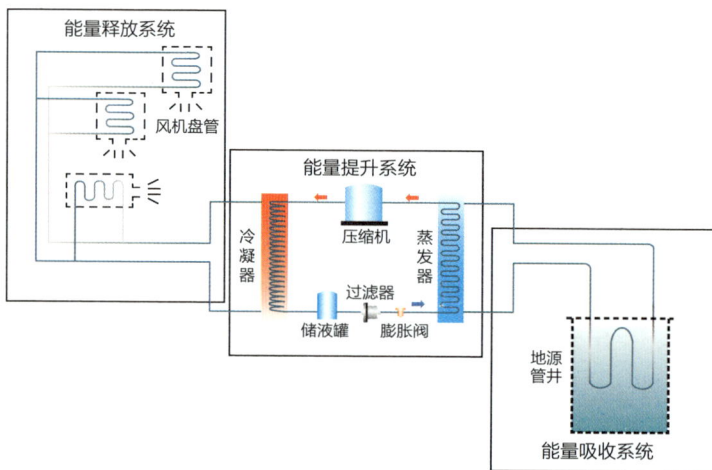

图1.5　地源热泵方案示意图

（二）方案特点及适用场景

方案特点　　该方案采用地源热泵，能效比高、性能稳定，运行费用比直热式电采暖要低。该方案功能多样，不仅能够满足冬季采暖需求，同时也可满足夏季制冷需求。但是该方案需要足够场地以供打井。

适用场景　　该方案的设备安装需要有足够的土地，一般在别墅区、居民集中的楼宇等场所应用较多。

四、直热+蓄热+光热辅热技术典型方案

（一）方案介绍

直热+蓄热+光热辅热技术是山区、农村电采暖的一种方式，全部利用谷电制热采暖，其技术方案架构如图1.6所示。考虑山区、农村典型场景，充分利用光热满足白天供暖需求，需配置18m²光热装置，直热设备功率需求为3.9kW，按户间同时系数0.9计算，户均配电变压器容量仅为3.51kVA。配置1t蓄热水罐，停电后最长可满足13.8h持续供暖。

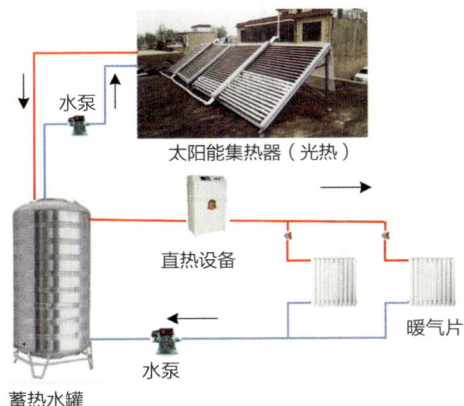

太阳能集热器（光热）

水泵

直热设备

暖气片

水泵

蓄热水罐

图1.6　直热+水蓄热+光热辅热技术方案架构图

（二）方案特点及适用场景

（方案特点）该方案适用蓄热装置，利用市电谷电和光热辅助供暖降低客户采暖运行成本，同时降低用电容量需求，尽可能减少配电网增容投资。

（适用场景）该方案适用于山区电采暖客户、有住宅屋顶可利用的客户、燃气无法到达的农村客户等。

五、光伏+碳晶（石墨烯）技术典型方案

（一）方案介绍

该方案利用农村住宅屋顶安装分布式光伏，光伏并网方式为"自发自用、余电上网"，其技术方案架构如图1.7所示。白天光伏发电优先给碳晶、石墨烯等电采暖设备供电，多余电量上网，夜间电采暖设备利用市电谷电供暖。客户通过全年光伏发电补贴与上网卖电收益抵消电采暖费用支出，还有可能实现部分收益。

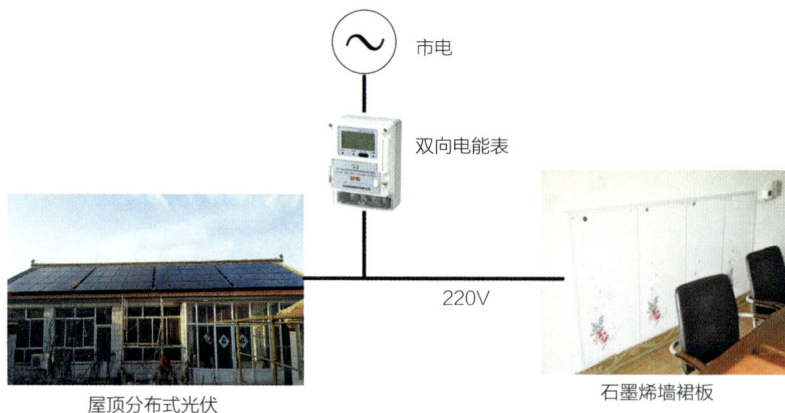

市电

双向电能表

220V

屋顶分布式光伏　　　　石墨烯墙裙板

图1.7　光伏+碳晶（石墨烯）技术方案架构图

（二）方案特点及适用场景

方案
特点
　　该方案采用光伏发电和电采暖结合的方式，初期投资成本较高，但运行成本较低。

适用
场景
　　该方案需要客户具备光伏安装条件和良好的光照条件，适用于山区、郊区电采暖客户。

2.3.2　家用电厨炊典型应用方案

家用电厨炊按加热方式分为电阻加热式和电磁加热式两种。如电开水壶、电陶炉等为电阻加热式，电磁炉、电蒸锅等为电磁加热式。

（一）方案介绍

以一户三口之家为例，其电厨炊设备主要有电磁炉1台（额定功率2.1kW）、电饭锅1台（额定功率1kW）、电蒸锅1台（额定功率1.5kW）、电开水壶（额定功率1.5kW）、电动料理机（榨汁机）1台（额定功率1.5kW）、家用豆浆机1台（额定功率1.2kW），总功率约8kW。

（二）方案特点及适用场景

方案
特点
　　该方案能基本满足三口之家的日常厨炊需求，热效率高，节能效果明显；无燃料残渣和废气污染，厨房整体保持清洁；具备一键操作和定时定温功能，方便快捷，省心省事；厨房不产生明火，无煤气泄漏，安全性高。

适用
场景
　　该方案特别适用于天然气无法供应的城市商住居民和农村家庭。

2.3.3　家用电热水器典型应用方案

家用电热水器主要分为储水式和即热式两种。由于即热式电热水器功率较大，对供电容量和线路要求较高，所以储水式电热水器应用更为广泛。

> **方案介绍**
>
> 以一户三口之家为例，一般一个人淋浴洗澡需40℃热水50L左右，选用容积为60L、功率为1.5kW的储水式电热水器基本可满足三人洗浴需求。

> **方案特点及适用场景**
>
> 该户家庭使用储水式电热水器后能基本满足日常洗浴需求，特别适用于天然气无法供应的城市商住居民；在农村家庭可配合太阳能热水器使用，在太阳能加热不足时用电热水器再加热。

2.3.4　其他家用电器典型应用方案

其他家用电器包括空调、洗衣机、冰箱、空气净化器等，随着人们生活水平的提高，居民家庭电气化水平也越来越高，并不断向智能化方向发展。

> **方案介绍**
>
> 以三室一厅的家庭为例，其大家电主要为三台电视机、一台洗衣机、一台电冰箱、一套中央空调系统；小家电主要为一台扫地机器人、一台空气净化器、一台净水器等。所有的智能家用电器通过情景灯光控制系统、遥控窗帘控制系统、家庭影音系统、空调系统、空气环境监测系统、住家安防监控系统和远端Web控制系统构成智能家居系统。

> **方案特点及适用场景**
>
> 　　智能家居系统具有安全、方便、高效、快捷、智能化和个性化特点，能够更好满足人们的日常生活需求，使人和建筑、家电设备之间能有效互动，感受更加舒适、人性化的现代生活。

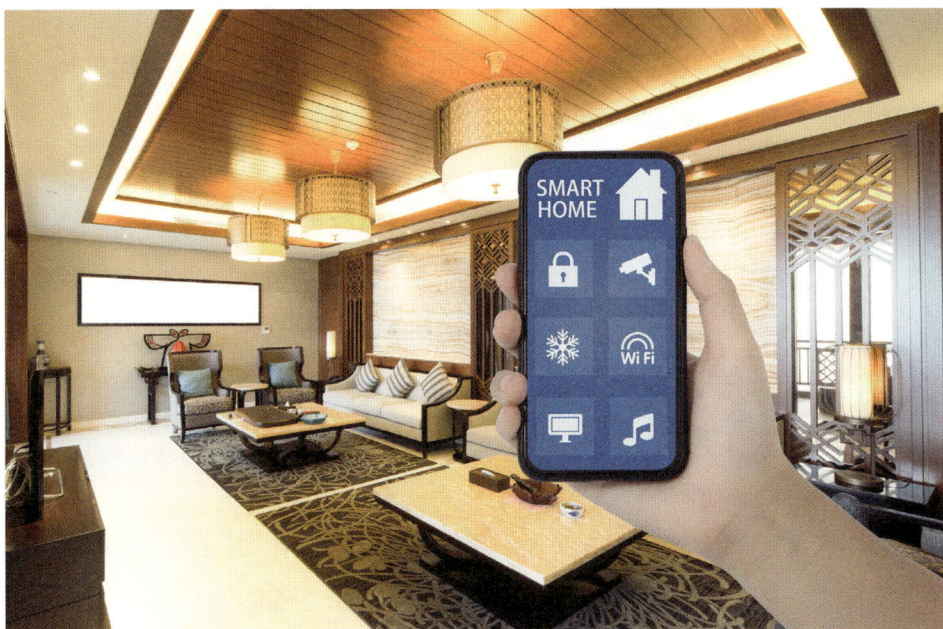

第❸章
项目建设与运维

③.1 项目实施流程及关键点

针对居民生活领域的电能替代项目，供电企业需要重点关注项目配套电网建设、供电服务保障、项目竣工验收、项目归档录入等关键点。

一、配套电网建设

客户经理负责统一对内协调内部资源，对外做好协同配合，做好业扩配套电网工程建设。工程设计环节，提供准确的配套电网工程建设需求，确保工程的可研、图纸的编制质量。客户经理牵头对业扩配套电网项目管理全过程进行协调催办，每周发布业扩配套电网工程建设进度，确保与电能替代本体工程同步建设、同步投运。

二、供电服务保障

优化居民客户电能替代业扩体验，引导客户全面应用"掌上电力"App等线上服务渠道，实现全环节线上流转，根据用户申请，对经现场查勘确认的用户电能替代项目，纳入业扩报装"绿色通道"管理，简化项目管理流程，实行专人负责制，提供"一站式"服务，全过程跟踪服务，缩短业扩报装工作时限，提高报装效率。同时，严格执行国家电网有限公司相关安全规范，做好安全、优质服务管控，对于现场巡视发现的违章行为立即制止。编制相关资料定期对施工人员开展服务规范培训。

三、项目竣工验收

电能替代项目竣工验收时，主动参与验收工作，核实电能替代设备安装、投运情况。

四、项目归档录入

项目送电后,对电能替代项目相关资料进行归档,归档资料至少包括初步技术方案和竣工验收记录。将电能替代项目信息、设备参数、替代电量数据等录入电能服务管理平台,关注用电信息采集系统替代电量数据变化,便于后期分析统计。

3.2 项目投资界面

居民生活电能替代项目引起的供配电设施新建改造,原则上由供电公司投资建设供配电设施至客户红线。对各类居民生活领域的普通电力客户业扩配套电网工程出资界面,建议可参照2017年国家电网有限公司发布的业扩配套电网工程投资界面标准执行。

3.2.1 高压居民客户(10kV及以上)

一、需新建开关(环网)站

投资界面以客户电源线路接入该开关(环网)站的连接点为投资分界点,分界点电源侧供电设施由供电公司投资建设,分界点负荷侧受电设施(含电缆终端头)由客户投资建设,如图1.8所示。

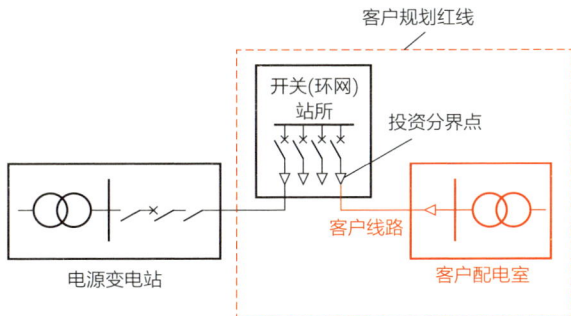

图1.8 10kV及以上需新建开关(环网)站项目投资界面

二、就近接入已有开关（环网）站

以客户电源线路接入公用开关（环网）站的连接点（电缆终端头）为投资分界点，分界点电源侧设施由供电公司投资建设，分界点负荷侧受电设施（含电缆终端头）由客户投资建设，如图1.9所示。

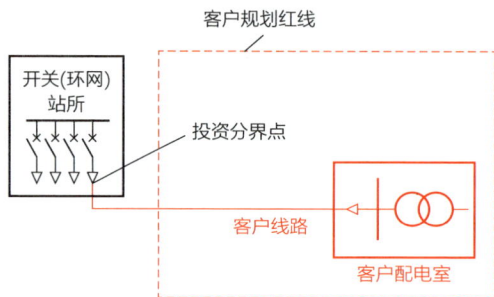

图1.9　10kV及以上就近接入已有开关（环网）站项目投资界面

三、以架空线电源点接入

以架空线电源点接入的以客户电源线路接入红线外第一支持物为投资分界点。分界点电源侧供电设施（含柱上分界开关）由供电公司投资，分界点负荷侧受电设施（包括连接装置）由客户投资，如图1.10所示。

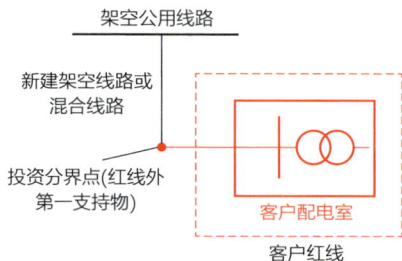

图1.10　10kV及以上以架空线路电源点接入项目投资界面

3.2.2 低压居民客户（220/380V）

以低压电能表为投资分界点，电能表尽可能靠近客户侧。分界点电源侧供电设施（含电能表）由供电公司投资，投资分界点负荷侧受电设施由客户投资建设，如图1.11所示。

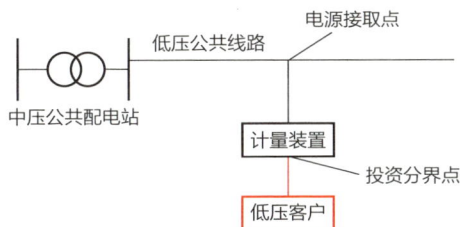

图1.11 220/380V低压居民客户项目投资界面

对于小区批量新装等业务场景，客户电能替代项目本体、客户内部供配电设施可通过自主全额投资、合同能源管理、第三方投资（包括节能公司投资或私营企业特许融资）、融资贷款投资等解决。

3.3 项目运维服务

能源服务类公司参与运维方式

客户自行运维方式

客户委托第三方机构代理运维方式

一、能源服务类公司参与运维方式

针对示范效果好、经济效益佳的居民生活领域电能替代项目，如集中供暖项目中大型设备的运维，鼓励供电公司产业单位、能源服务类公司在小区新装过程中申请临时用电环节提前介入，提供相关的技术支撑和服务，同时创新商业模式，以合同能源管理等方式投资建设、运维服务等。

二、客户自行运维方式

针对政府层面集中改造等居民生活领域的电能替代项目，由居民客户直接对接设备技术厂家，如出现设备故障或其他突发情况，能够及时有效地进行维护，省去了外委的中间环节。但所需要面对的技术厂家数量繁多，后期服务和运维水准良莠不齐，如某个厂家运维服务无法及时跟进，则抢修延误时间将较长。

三、客户委托第三方机构代理运维方式

居民客户出资给第三方代理运维公司，代理客户对设备设施的维护或管理所有涉及的技术厂家，确保抢修维护的及时性。综合能源公司可作为设备的第三方代理维护单位，下聘技术支撑厂家全面负责用户采暖设备的后期维护，包括产品质保期外的有偿维护。如某个设备厂家临时无法满足设备维护或抢修工作，综合能源公司的技术支撑能够及时到位，有效缩短抢修时间，确保客户冬季供暖的正常可靠。

第**4**章
项目后评价

4.1 综合效益评价

4.1.1 主要运营指标分析

对居民生活领域电能替代项目的综合效益评价可采用指标分析法。重点关注项目投运一年及以上的居民生活电能替代项目的主要运营指标，选取项目投运一年（12个月）或设备全生命周期的运营数据为基础开展综合效益评估。具体可从用户综合效益、供电公司综合效益和社会综合效益三个方面进行评估，见表1.10。

表1.10　　　　　　　　主要运营指标分析评估表

评估维度	评估指标
用户综合效益评估	用户月均（年均）能耗
	平均电价（元/kWh）
	投资成本回收周期
	环保指数
	安全指数
	运维便捷指数
	其他
供电公司综合效益评估	居民生活领域售电量（万kWh）
	售电收入（万元）
	综合能源服务公司投资项目收益
	带动重点项目建设运营
	新增电子服务渠道客户数
	其他

续表

评估维度	评估指标
社会综合效益评估	折合减少标准煤燃烧量（t）
	减少二氧化碳排放量（t）
	减少二氧化硫排放量（t）
	减少氮氧化物排放量（t）
	减少粉尘（颗粒物）排放量（t）
	其他

4.1.2 国家、行业、同类企业类似项目对标分析

一、替代前后电量增长情况对标分析

比较所在区域居民生活用电量的同比、环比增长幅度（见表1.11），评估居民生活领域电能替代阶段性实施效果。

表1.11 居民生活用电量增长情况对标分析表

居民生活用电量	同比	环比
…		
2018年1月		
2018年2月		
2018年3月		
2018年4月		
2018年5月		
2018年6月		
…		

二、与发达国家人均用电量对标分析

将所在区域居民生活用电占全社会用电量比例、居民年人均生活用电量等指标与北美、欧洲、日韩等发达国家地区比较，评估当前居民生活电气化水平，分析提升潜力和市场空间，见表1.12。

表1.12　　　　　　　　　　　人均用电量对标分析表

国家 （地区）	居民生活用电占全社 会用电量比例	排名	居民年人均生活用 电量（kWh）	排名
中国				
美国				
英国				
日本				
韩国				
…				

4.2　总结项目亮点特色

项目实施完成后，分别从提高电能供给能力、加速配套电网建设、完善供电服务保障、创新电能替代技术、创新商业合作模式、产生经济社会效益、取得政府政策支持等方面总结提炼项目亮点特色。满足三个及以上或在某一方面有重大突破或项目综合效益较好的项目，可纳入国家电网有限公司典型项目库。

| 亮点特色 | 具体内容示例 |

提高电能供给能力

例如：实行统一规划、统一标准、集中审批和应急增补模式，提高电网规划、建设、运维水平，提升城乡居民生活区域供电能力等方面。

加速配套电网建设

例如：主动适应电力体制改革，简化配套电网建设项目管理流程，下放配套电网项目管理权限；积极构建全环节适应市场、贴近客户的业扩配套电网项目管理和工程建设机制；推行供电方案和初设一体化，统一配套电网工程出资界面；建立多层级协同机制，优化物资供应方式，加快配套电网工程建设速度等方面。

完善供电服务保障

例如：贯彻国家"放管服"改革、"最多跑一次"改革精神，积极推动营商环境优化工作；开辟居民生活领域电能替代项目业扩"绿色通道"，缩短接电时限，确保居民新增用电设备及时供电；打通电力服务"最后一公里"，提高城乡供电服务均等化水平；设立专属客户经理，执行项目经理制，负责项目工程启动、推进、落实全过程服务与管理等方面。

创新电能替代技术

例如：率先在居民生活领域开展电能替代改造；运用的电能替代技术在行业领域具有典型性、可复制性，取得较好的示范效果；吸引同类型用户复制应用，具有较强的引领作用和推广作用；主动将"互联网＋"新技术与电能替代项目工程管理有机结合，做到工程安全、质量、进度、服务管控工作可视化和智能化等方面。

创新商业合作模式

例如：积极引导社会力量参与，探索多方共赢的市场化运作模式；与能源服务类公司进行合作，创新采用合同能源管理、设备租赁等商业模式，在项目建设过程中，缓解用户短期资金压力，推动项目落地；实现供电公司增供扩销，能源服务类公司获得相应经济利益等方面。

产生经济社会效益

例如：提高电能在终端能源领域比重；用户整体能耗显著下降；供电公司在居民生活领域的售电量、电费收入显著增加；所在区域居民生活用电占全社会用电量比例有所提升；对促进节能减排有显著效果；获得中央、地方媒体关注并广泛报道等方面。

取得政府政策支持

例如：与政府、相关主管部门签订战略合作协议；将居民生活领域电能替代专项规划纳入地方政府城市发展规划；与地方政府、相关主管部门积极沟通汇报，取得补贴、运维等支持政策等方面。

4.3 项目完善提升措施及建议

项目实施完成后，分别从电能供给能力、配套电网建设、供电服务保障、经济社会效益、政府政策支持等方面总结项目执行过程中存在的缺陷，提出项目完善措施及建议。

分析存在缺陷的维度	具体内容示例
电能供给能力	例如：特殊、边远地区因电能供给能力限制，导致不能广泛推广电能替代项目；风力发电、光伏发电等清洁能源的分布式能源并网技术研发不足等方面。
配套电网建设	例如：投资界面不清晰，配套电网工程建设未与客户工程同步建设、同步投运；业扩配套电网建设滞后影响客户正常接电、用电等情况等方面。
供电服务保障	例如：业扩项目过程管控不到位，导致流程时限超长等客户感知不佳体验等方面。
项目建设成效	例如：项目经济性较差，出现投资亏损，收益水平低等情况。
政府政策支持	例如：政府支持力度不足，缺少针对性配套政策；宣传推广力度不足，电能替代支持政策知晓度、认可度不高等情形。

第二篇

案例篇

▼

近年来，国家电网有限公司在居民生活领域大力开展电能替代工作，深入推广居民电气化工程，促进居民生活用电增长。本篇介绍居民生活领域五个典型案例。

案例❶
集中新装小区全电化典型案例

1.1 项目基本情况

浙江省杭州市某小区总占地面积为61万m²，建筑面积26万m²，容积率为0.3。该小区是绿城旗下的精装修楼盘，一期建设413套精装修别墅，二期建设390套精装修别墅。

> 总占地面积 61 万m²
> 建筑面积 26 万m²
> 容积率为 0.3

国网杭州供电公司积极对接政府部门，及时收集房地产项目立项、小区定位等信息，主动介入房产小区开发前期工作，引导房地产开发商合理选择电器设备，增设公共充电桩。在小区项目立项、初设审查、工程建设等各个阶段，大力开展技术推介、经济性对比等各项工作，成功协助该小区开发商选择地暖、生活热水二合一的空气源热泵系统、电动接驳车和其他智能化电器设备。

1.2 技术方案

1.2.1 方案比较

一、电采暖经济性比较

以此小区1套500m²的别墅住宅工程为例，采用燃气地暖、空气源热泵电采暖、地源热泵电采暖三种方案，分别从投资成本、运行费用等方面进行比较和分析。

方案一 ▶ 燃气地暖

项目投资上，燃气供暖初投资包括系统造价和设施配套费用，对于燃气供暖系统，初投资包括一台锅炉（作为热源）和室内系统，燃气地暖采用地面辐射形式，一般户均造价为10万元。但燃气地暖还需投入成本单独安装制冷空调。

运行费用上，按一般测算规则，房间平均散热量为40W/m^2，锅炉的热效率为92%，500m^{2}一个月实际需要消耗的天然气是1584m^3。以该项目所在地区天然气价格为3元/m^{3}计算，每月需燃气费4752元。冬季平均采暖时间为2个月，一个冬天的采暖费用需要9504元。

▶ 燃气地暖

- 造价为 **10** 万元
- 房间平均散热量为 **40**W/m^2
- 锅炉的热效率为 **92**%
- **500**m^2 月消耗天然气 **1584**m^3
- 天然气价格为 **3** 元 /m^3
- 每月需燃气费 **4752** 元
- 冬季平均采暖时间为 **2** 个月
- 采暖费用 **9504** 元

方案二 ▶ 空气源热泵电采暖

项目投资上，以单户别墅为例，选用10匹低温三联供侧出风的空气源热泵系统1套，整套机组造价约为12.3万元，单台制热功率34kW。

运行费用上，假设采暖时间为2个月，根据实际运行情况，户均用电量在6000kWh，电费按0.55元/kWh计算，冬季运行费用约6600元。

▶ 空气源热泵电采暖

- 造价为 **12.3** 万元
- 单台制热功率 **34**kW
- 采暖时间为 **2** 个月
- 户均用电量在 **6000**kWh
- 电费为 **0.55** 元 /kWh
- 冬季运行费用约 **6600** 元

方案三 ▶ **地源热泵电采暖**

项目投资上，地源热泵系统的初投资包括主机和地下埋管系统，主机造价按市场正常行情约为10.6万元，室内外埋管系统投资费用为4万元，初投资费用约为14.6万元。

运行费用上，按地源热泵漩涡机组单台制冷功率35kW，单台制热功率28kW计算。假设采暖时间为2个月，电费按0.55元/kWh计算，冬季运行费用约9000元。

● **地源热泵电采暖**

- 初投资 **14.6** 万元
- 单台制冷功率 **35**kW
- 单台制热功率 **28**kW
- 采暖时间为 **2** 个月
- 电费为 **0.55** 元/kWh
- 冬季运行费用约 **9000** 元

分析 在经济性上，燃气地暖和空气源热泵电采暖的初期投入相差不多，但燃气地暖需单独配置制冷空调，增加了初期投入，且日常使用成本高于空气源热泵电采暖。地源热泵电采暖投入高、使用费用高。

结论 综上所述，空气源热泵电采暖总体投入费用、综合使用费用最小，经济性最高。

二、电厨炊经济性比较

以烧开水为例，把电水壶、天然气、液化天然气烧开水进行对比，见表2.1。计算边界条件如下：起始水温20℃，烧开一壶水（2.2kg）。

表2.1　　液化天然气、天然气、电水壶烧开水对比表

名称	液化天然气烧开水	天然气烧开水	电水壶烧开水
所用能源	液化天然气	天然气	电
能源热值	4.61×10^7 J/kg	3.60×10^7 J/m³	3.60×10^6 J/kWh
能源单价	7元/ kg	3元/m³	0.538元/ kWh
能源利用率	40%	40%	95%
产生耗费用	0.28元	0.153元	0.116元 注：高峰时段（0.568元/ kWh）为0.122元/壶；低谷时段（0.288元/ kWh）为0.062元/壶

> **结论**　以一户一天用5瓶热水计算（高峰3瓶、低谷2瓶），与瓶装液化天然气比较，用电开水壶可以节约332元/年。

三、接驳车经济性比较

以该小区中采用的5排座接驳车为例，分别从车辆购置费用和使用费用两个方面，比较普通燃油接驳车和电动车的经济性。

方案一　普通燃油接驳车

燃油接驳车的价格为6万元左右。一般使用92号汽油，平均使用成本为0.8元/km。

方案二　电动接驳车

电动接驳车的价格为4万元左右。1kWh电可以跑10km，平均使用成本在0.1元/ km。

> **结论**　电动接驳车在初期投入和后期使用中的经济性远高于普通燃油接驳车。

1.2.2　方案简述

该小区实现了小区全电化，主要包括家庭电气化和公共设施电气化。在每户家庭中，采用具备中央空调系统、地暖系统、生活热水系统三合一功能的空气源热泵技术。以单户别墅为例，选用10匹低温三联供侧出风的空气源热泵系统1套，还配置了一系列智能化电器设备来提高业主生活的舒适性和便捷性。具体包括：建设全电厨房，每个厨房配备了电烤箱1台、电蒸箱1台、消毒柜1台、洗碗机1台、电压力锅和电饭煲等各1台；建设全电洗浴空间，配备了吸顶式暖风、换气二合一暖风机和水循环系统，在部分大面积住宅中配备了电动按摩浴缸。所有电器设备均可实现自动开关、定时工作等智能化功能。在公共区域，配备电动接驳车方便小区业主出行，统一安装了公共充电桩。

1.3 项目实施及运营

1.3.1　投资模式及项目建设

该项目的设备由开发商自主投资，配套电网部分由当地供电公司投资。
该项目由开发商自主运营（后期将转移至物业公司）。

1.3.2　项目实施流程

一、市场调研

客户经理在房地产开发项目开工初期，对几家中高档小区进行了实地调研，了解了小区内用能结构、场地布置和客户需求，同时与政府职能部门对接居民电采暖、智能化电器推广的优惠政策，了解了近年来杭州市气候特点并进行数据统计及预测分析，初步形成调研成果。

二、数据分析

根据调研情况及数据统计结果，通过对比市面上现有的精装修方式，从经济性、环保性、高效性等多方面分析，选定国网杭州供电公司制定的全电化小区方案作为中高档小区独栋别墅的最优方案。

三、上门推广

客户经理在与房地产开发商对接过程中，介绍全电化小区方案及普通设备配置方案的优缺点，最终与该小区达成合作意向，并签订战略合作协议。

四、采购安装

全电化小区所需电器设备由开发商统一为用户投资采购。设备采购到位后，由开发商统一安装调试。

五、配电网投资

当地供电公司将电采暖负荷纳入输电线路规划、变电站规划、配电网提升规划，全面支撑居民电采暖负荷接入。

1.4　项目效益

1.4.1　经济效益分析

电采暖设备主要采用热泵技术，从能效水平看，相比传统的燃气采暖系统，空气源热泵系统效率是燃气系统的3倍多。以100m²普通住宅地暖面积为例，空气源热泵系统能耗远远低于燃气系统，采暖费用仅仅是燃气系统的1/3。电动接驳车的实际使用成本约为燃油接驳车的1/4。

1.4.2 社会效益分析

在环保上，该小区全电化工程预计每年将减少CO_2排放量10.275t，减少NO_x排放量2.036t，减少SO_2排放量0.577t，减少烟尘排放量0.255t，有效推进空气质量改善。

减少 CO_2 排放量 **10.275**t
减少 NO_x 排放量 **2.036**t
减少 SO_2 排放量 **0.577**t
减少烟尘排放量 **0.255**t

在安全上，全电化小区避免燃气等易燃易爆危险源进入小区，大大降低居民安全风险。

1.5 推广建议

1.5.1 经验总结

一、项目主要亮点

通过宣传，主动引导客户的用能习惯。积极邀请本地媒体和中央媒体对电采暖的经济技术优势进行专题报道。

提前介入、沟通引导客户。属地供电公司积极对接政府部门，及时收集房地产项目立项、小区定位等信息，在项目初设阶段，邀请电气设备供应商，主动介入房地产小区开发前期工作，从产品定位、技术特点、建设费用、运维成本、使用成效等方面进行对比分析，引导房地产开发商选择全电化小区方案。

现场实测、有效比对。签订合作协议后，邀请相关技术人员，在样板房内开展数据实测工作，现场采集能耗、费用、温度、噪声等数据，并与同等面积普通精装修住宅对比分析，使得全电化小区方案经济优势更具说服力。

二、注意事项及完善建议

该类项目推广需要跨部门联动，提供套餐式服务。由当地供电公司营销部门负责全电化小区方案的引导宣传、需求收集；运检部门合理规划输、变、配电设备容量、路径；设计、施工企业在客户委托的前提下，开辟绿色通道，延伸设计、施工范围。打造横跨营销、运检、设计、施工等部门的协同运作机制。

1.5.2　推广策略建议

借助新型业务提供增值服务。

对于签订了战略合作协议的房地产开发商，在其开发建设小区的公共区域，由当地供电公司提供电动汽车充电桩建设服务、配置"电力—社区"共建服务专员，提升了小区品位、方便了居民生活，也成为公司新型业务增长点。

充分利用推广渠道，加大宣传。

一方面在营业厅摆设相关资料、设置电采暖体验区，另一方面也在公司微信公众号、"掌上电力"App等渠道推送专题，推介全电化小区方案和电采暖设备。

案例❷
集中改造小区电采暖典型案例

2.1 项目基本情况

浙江省金华市某小区总建筑面积18万m²，属于中高端小区，由587户高层和85幢独栋别墅组成。

该小区主要以燃气供暖，供暖系统包括小区锅炉房（内置3台1.4MW的燃气锅炉）和各户室内系统，不同业主依照建筑面积、投资成本、生活需求选择散热器、地面采暖等合适的室内系统。

改造前存在以下问题：一是天然气在燃烧不充分时易发生一氧化碳中毒事故，相较于地源热泵、空气能、电地暖、空调等电采暖设备而言，安全系数较低。二是锅炉效率低、系统可调节性差。

另外，在地理环境方面，金华夏热冬冷的气候使地源热泵机组的运行效率达到最大化，土壤类型适合地源热泵埋管系统。在经济社会方面，随着人民生活水平的不断提高，人们对美好生活需求向往的不断提升，环保意识日益加强，电气化使用在居民日常生活中的重要性也日益凸显。

2.2 技术方案

2.2.1 方案比较

以该小区1套500m²的别墅住宅工程为例，采用燃气地暖、空气源热泵电采暖、地源热泵电采暖三种方案，分别从投资成本、运行费用、设备性能和安全性能等方面具体进行比较和分析，见表2.2。

表2.2　　　　　　　　　　　三种采暖方式对比表

类型	地源热泵电采暖	空气源热泵电采暖	燃气地暖
安全指数	★★★★★	★★★★★	★★★★☆
运维便捷性	★★★★★	★★★★☆	★★★☆
占地面积	机房占地面积小，也可不设专用机房，采用小机组灵活安装各个房间	占地面积小，安装在与空气直接接触的室外	占地面积大，需要冷冻机房和锅炉房
生命全周期	主机25年，地埋系统50年以上	主机15～20年	燃气锅炉15年
设备运行稳定性	地下土壤温度相对恒定，设备运行稳定性高	受空气温度影响较大，夏季制冷难以将室内热空气排出，冬季制热有结霜现象。设备运行稳定性差	设备运行稳定性相对较高
设备运行效率	高	中	低
环保指数	★★★★★	★★★★☆	★★★☆☆
初投资	14.6万元	12.3万元	7.52万元
年费用	13.8万元	14.5万元	16.02万元
推荐方式	√		

对比分析结果如下：

从成本费用考虑，地源热泵系统、空气源热泵系统的初投资略高，但运行成本远低于燃气锅炉。

从环保安全考虑，燃气设备存在天然气泄漏的风险，一旦发生事故，人身损害和经济损失巨大。地源热泵无燃料排放，安全指数高。

从设备运行效率考虑，锅炉供热只能将70%～90%的燃料内能转化为热量，由于地源热泵的制冷、制热系数可达500%～550%，与传统的空气源热泵相比高出40%左右，其运行费用仅为普通中央空调的50%～60%。

从设备运行稳定性考虑，空气源热泵受外界自然因素的影响较大，当夏天室外环境温度极高时，制冷效果差；当冬季室外温度极低时，制热会产生结霜现象。而地源热泵系统受地面条件的约束较少，因此设备运行稳定性高。

> **结论** 该小区内采用地源热泵系统是综合性价比最高，也是最可行的方案。

2.2.2 方案简述

将该小区别墅区的燃气锅炉集中采暖，全部更换成地源热泵电采暖技术，使用"室外地埋盘管+地源热泵机组+室内风机盘管+地暖盘管"方案，其连接图如图2.1所示。改造前，进行小区居民电采暖用电测算和效益分析，关注小区变压器和线路容量预留工作，探测户主花园内的土壤类型、热特性、热传导性、密度、湿度等。

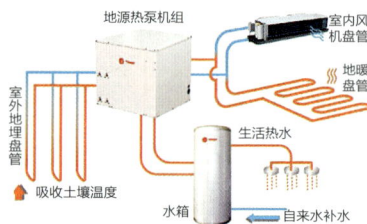

图2.1 方案连接图

2.3 项目实施及运营

2.3.1 投资模式及项目建设

项目设备部分投资主体为业主自主投资，投资金额1800万，建设周期6个月。属地供电公司根据小区内现有变压器容量和线路情况进行相应投资改造，小区内新增1台1000kVA、2台630kVA变压器，并重新改造外电源10kV线路供电线路。

2.3.2　项目实施流程

市场调研

客户经理在初期，对几家有改造潜力的中高档小区进行实际调研，根据调研情况及数据统计结果，通过对比市面上现有的采暖方式，从经济性、环保性、高效性等多方面分析，选定地源热泵电采暖作为中高档小区独栋别墅的最优方案。

上门推广

客户经理在与项目业主对接过程中，介绍地源热泵电采暖相对其他采暖方式的优缺点，以及地源热泵电采暖对小区整体品质的改善等，最终与该小区达成合作意向，并签订战略合作协议。

采购安装

由业主单位为用户投资采购，单户业主负担室内外埋管系统投资改造费用。设备采购到位后，由业主单位统一对地打井，并联系厂方安装设备。

工程改造

为满足该小区业主的地源热泵电采暖设备成功投运的需要，国网金华供电公司根据小区内现有变压器容量和线路情况进行相应投资改造，重新改造外电源10kV线路供电条件。

战略合作

改造实施完毕后，属地供电公司进一步与该小区房地产开发商开展长期战略合作关系，签订战略合作协议，促进房地产开发商对其他在建（或管理）小区进行居民电采暖设施建设。

2.4 项目效益

2.4.1 经济效益分析

从投资收益分析，该小区项目采用开发商统一投资的模式，工程总投资1800万元，项目年收益500万元，静态回收期4年。同时，可实现年替代电量208万kWh，增加用电容量2975kW。

工程总投资 **1800** 万元

年收益 **500** 万元

静态回收期 **4** 年

年替代电量 **208** 万kWh

增加用电容量 **2975** kW

从运行成本分析，金华市天然气价格平均约为4.5元/m³，居民采暖用电平均电价为0.55元/kWh，燃气机组在运行过程中能效一般只能达到70%～90%，而地源热泵的能效高达500%～550%。总体而言，地源热泵电采暖运行成本低于燃气采暖。

2.4.2 社会效益分析

该项目采用地源热泵技术，与其他采暖方式相比具有以下优势：

> **利用可再生能源**
>
> 地热能属于可再生能源，利用技术从常温土壤或地表水中吸热或向其排热，可持续使用。

> **节水省地**
>
> 以土壤为载体，向其放出热或吸收热量，不消耗水资源，省去冷却塔、锅炉房等配套设备，节省宝贵空间，产生附加经济效益，并改善了环境外部形象。

绿色环保

该项目装置运行无燃烧，无排烟，场地不需要堆放燃料废物，能实现年减少二氧化碳排放量2073t、二氧化硫排放量62.4t、氮氧化物排放量31.2t。

安全稳定

系统在运行中无燃烧设备，不产生二氧化碳、一氧化碳、丙烷气体，不存在爆炸风险，在居民生活区安全性高。

2.5 推广建议

2.5.1 经验总结

一、项目主要亮点

协同配合，落实"双客户经理制"。在项目推广过程中，首次将双客户经理制应用到实处，即设立业扩、电能替代客户经理A、B岗。由业扩客户经理在项目勘察过程中，寻求有电能替代潜力的客户。由于该小区的客户需求及硬件条件均符合改造要求，由电能替代客户经理深度服务，最终与客户方达成合作意愿。

精简资料，开辟绿色通道。精简业务办理资料，推行业务环节并行处理，在受理小区增容需求后，供电企业实现从业扩报装到送电全过程"一站式"服务，对相关电网配套设施进行改造升级（包括电源点的确定、电缆敷设路径等），为积极推广居民电采暖项目进行强有力的技术支撑。

主动对接，争取优惠政策。为推广绿色电能，将电采暖技术广泛应用于居民生活中，供电公司领导、负责人、客户经理多次主动与政府相关部门对接，向政府职能部门主动汇报该技术初始投资、运行成本等方面的优势，为客户提供一定政策上的优惠。即对纳入电采暖改造实施范围的客户，享受优惠的谷段电价，充分实现客户和供电企业的"双赢"。

二、注意事项及完善建议

应注意地源热泵技术有一定的推广适用条件。地源热泵技术在推广应用的前期，应重点详细勘察当地土质，地质较差或岩层、孔洞等特殊土壤结构，可能会影响地源热泵的施工及后期效果。地源热泵技术还需具备较为充足的建筑面积，利于打井埋管，要在前期加以考虑。

2.5.2 推广策略建议

目标客户市场

地源热泵作为高效节能的空调系统，一套设备可同时满足供冷、供暖、热水多种需求，减少设备初投资，可广阔应用在别墅、办公楼、酒店、医院、商场等领域。对于独立别墅用户，业主可以采用分期付款方式，根据自身需求，逐台安装，减少一次性投资。对于酒店、医院、商场等公共领域，地源热泵选用室内机组，可以有效减轻此类公共场所的安全风险。

推广策略建议

客户经理可走访辖区内房产小区，收集客户对电气化家电的需求和改造意愿，排查供电侧的配电变压器容量、供电线路、计量装置等是否能够满足安装地源热泵的要求。分析挖掘小区电气化家电，建立存量小区电气化家电改造项目储备库，并实时滚动更新。在日常推广过程中，客户经理可结合国家电网有限公司系统各类线上、线下形式丰富多样的营销活动、便民举措、增值和延伸用电服务，针对不同消费水平、不同需求的客户进行差异化推广。

案例❸
全电化民宿典型案例

3.1　项目基本情况

嘉兴海宁某省级"美丽乡村"建设试点，总面积480亩，3个村民小组共计105户，整个村庄很好地保留了村庄的原生态面貌。

民宿多为个体户自行经营，农村地区的民宿，为了凸显农家乐趣，一般以土柴灶作为烹调工具，存在安全性差、环境污染严重、发热效率差等问题。采暖方式一般采用壁挂式传统空调，存在空气干燥、有噪声等情况。热水供应方式一般采用柴加热烧水或燃气热水器，存在安全隐患、环境污染等问题。

为助力全电景区建设，实现万村景区化，国网海宁供电公司对村民宿进行了全电气化改造。为了更好地开展全电民宿推广，供电公司分析地方政府、村委会、农村居民、供电企业四方诉求，寻找项目替代动因契合点。

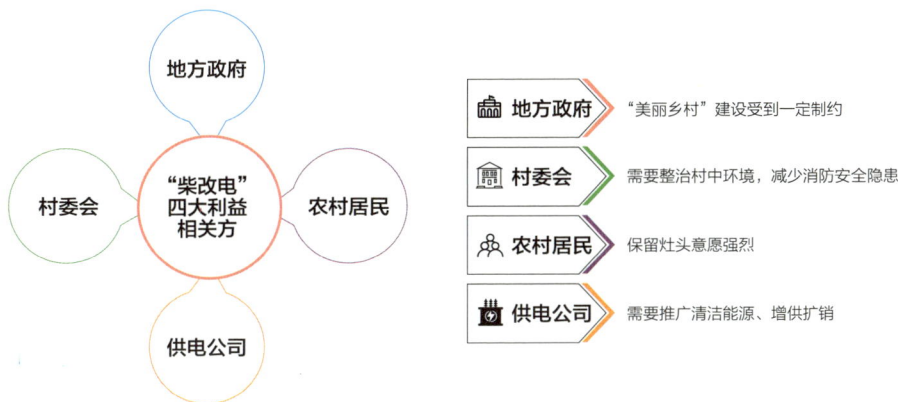

🏛 地方政府	"美丽乡村"建设受到一定制约
🏦 村委会	需要整治村中环境，减少消防安全隐患
👥 农村居民	保留灶头意愿强烈
🏭 供电公司	需要推广清洁能源、增供扩销

利益相关方动因

3.2 ▶ 技术方案

3.2.1 方案比较

一、厨房炊具改造方案比较

客户经理以客户需求为导向，通过前期调研及现场实际情况，为使用土柴灶的用户列举两个改造方案：燃气灶和电土灶，并从优缺点及经济性、可靠性等多维度进行比较，如图2.2所示。

图2.2 燃气灶和电土灶多维度分析对比雷达图
（a）燃气灶；（b）电土灶

从多维度分析雷达图上可以看出，燃气灶整体效益偏差，经济性、安全性、便捷性较差，可靠性相对还可以，不做推荐。电土灶整体效益平均，经济性、可靠性、安全性、便捷性、减排效益五个维度得分均较高且均衡，故最终改造方案确定为电土灶，实现"以电代柴"。

二、室内采暖改造方案比较

为采用传统空调的客户列举壁挂式燃气采暖和电墙暖两个改造采暖方案，并从优缺点及经济性、可靠性等多维度进行比较，如图2.3所示。

图2.3 壁挂式燃气采暖、电墙暖多维度分析对比雷达图

（a）壁挂式燃气采暖；（b）电墙暖

表2.3		壁挂式燃气采暖、电墙暖对比表		
类型	电锅炉暖气片	碳晶板（石墨烯）	电暖器（踢脚线）	燃气暖气片
户型	90m²	90m²	90m²	90m²
设备功率	8～9kW	8～9kW	约8kW	—
投资成本	约1.5万元	约0.75万元	约0.8万元	约1.5万元
运行时间	18：00—次日7：00	18：00—次日7：00	18：00—次日7：00	18：00—次日7：00
月采暖能耗	约2470kWh	约1800 kWh	约1560 kWh	约300m³
平均能耗价格	峰谷电价（浙江省2018年居民第三挡高峰电价0.8680元/kWh，低谷电价0.5880元/kWh）			4.58元/m³（浙江省2018年居民第三挡气价）
月费用	约1722元	约1260元	约1085元	约1400元

从图2.3及表2.3对比可看出，壁挂式燃气采暖整体效益一般，安全性、减排效益较差，可靠性相对还可以，不作推荐。电墙暖整体效益平均，经济性、可靠性、安全性、舒适性、减排效益五个维度得分均较高且均衡，最终客户采用电墙暖采暖。

三、热水供应改造方案比较

列举两个改造热水供应系统的方案：燃气热水器和空气源热水器，并从优缺点及经济性、可靠性等多维度进行比较，如图2.4所示。

（a）　　　　　　　　　　　　　　（b）

图2.4　燃气热水器和空气源热水器多维度分析对比雷达图

（a）燃气热水器；（b）空气源热水器

表2.4　　　　　　　　　燃气热水器、空气源热水器对比表

类型	燃气热水器	空气源热水器
使用能源	天然气	电＋空气热能
加热200L水从15℃到60℃所需热量	3.35×10^7J	3.35×10^7J
耗能	1.24m³	2.66kWh
效率	90%	200%～400%
能源单价（居民第三阶梯）	4.58元/m³	0.838元/kWh
费用	5.68元	2.23元
安装条件	要通风好，使用时有废气回灌	橱柜、阳台、车库等多重选择
安全性能	有漏气、火灾、爆炸、废气回灌等安全隐患	水电完全分离，安全可靠

从图2.4及表2.4对比可看出，燃气热水器整体效益较差，安全性、减排效益、便捷性较差，可靠性相对还可以，不作推荐。空气源热水器整体效益平均，经济性、可靠性、安全性、舒适性、减排效益五个维度得分均较高且均衡，最终客户采用空气源热水器供应热水。

3.2.2　方案简述

一、厨房用能改造

将原有烧柴土灶通过对灶心加装电能装置的方式，变"土灶"为"电灶"。电土灶的控制面板拥有控制火力大小、定时等功能，并安装了电源保护器。

电土灶控制器

二、客房采暖改造

客房按面积配置碳晶（石墨烯）墙暖，具有高效、稳定、节能、安全等特点，且没有噪声、不影响空气湿度，人体舒适感更强。

碳晶（石墨烯）墙暖

三、热水供应系统改造

采用空气源热泵热水器1台，提供生活热水，不仅降低了客户的电费，还降低了污染物排放，更好地保护了民宿周边的环境。

空气源热泵热水器

3.3 ▶ 项目实施及运营

3.3.1 投资模式及项目建设

本项目配套电网由供电公司负责投资建设，政府协调进行政策处理；配电设施改造及项目本体由客户投资。

供电公司由其集体企业作为技术支撑部门，通过"红船+综合能源服务"免费为业主方提供设备代运维、紧急故障抢修、电力义诊等服务，让业主方安全用电，用安全电。

3.3.2 项目实施流程

当地供电公司打造"多方合作"的参与机制，以政府部门为主导、供电企业提供专业指导、村委会和村民合作参与，共同推动全电民宿改造项目。

对改造区域开展调研，调查区域内电网现状、电气化程度、民宿业主改造需求。

开辟绿色通道，加快配套电网建设，主动做好用电服务指导，完成民宿电能改造工作全覆盖。

延伸改造到其他领域，例如电炒茶、电动汽车等再电气化改造，打造"全电乡村"。

3.4　项目效益

3.4.1　经济效益分析

项目依靠电力提供能源，对供电企业而言，可以增加售电量；对客户而言，一次投入不高，可以节约支出。经统计，共完成28户民宿全电化改造，36户民宿实现电采暖、电土灶部分改造，新增用电容量150kW，年替代电量7万kWh。

完成 **28** 户民宿全电化改造
完成 **36** 户民宿部分改造
新增用电容量 **150** kW
年替代电量 **7** 万 kWh

3.4.2　社会效益分析

在环境上，电能是绿色清洁能源，大大降低了CO_2、SO_x的排放量。经测算，年减少CO_2排放量33.47t，既绿色环保，又美化居民环境，符合"两美"浙江对"美丽乡村"的要求。

在安全上，将传统土柴灶、空调更换成电土灶、电采暖等设施后，极大降低木质结构的房屋发生火灾的可能。

3.5　推广建议

3.5.1　经验总结

一、项目主要亮点

创新合作方式，建立项目投资方、地方政府、供电公司三方战略合作关系，共同推进项目建设。

- **民宿投资方：** 落实项目所需设备建设资金；按节能要求设计技术方案、使用电器产品；负责项目建设施工队伍及施工管理。

- **地方政府：** 提供该建设项目线路架设及变压器布置所需场地；监督项目投资方设计使用电气节能设备；在实施过程中，负责与项目方、供电公司进行协调。

- **供电公司：** 按照规定具体办理项目建设过程中的相关手续；根据项目需要对相关电网设施进行改造升级（包括电力增容，进线电源、电缆铺设等工作）；协助进行综合能源管理，提供后续增值电力服务；施工过程中，及时与当地政府进行协调。

二、注意事项及完善建议

项目实施前可考虑综合能源公司参与模式，由综合能源公司提供相关电能替代改造设备、能源利用评估报告等方式，既缓解客户短期资金压力、保证项目进度，又拓展公司综合能源服务市场领域，助力公司转型向综合能源服务商战略转型。

3.5.2　推广策略建议

美丽乡村示范区率先在嘉兴市内开展以全电民宿改造项目为主要内容的"美丽乡村""清洁能源"示范工程，合力推进低消耗、低排放、低污染绿色美丽乡村建设，改善区域大气环境质量和村庄环境。对农户而言，一次投入不高，可以节约支出；对社会而言减少污染物排放，达到清洁环保的目的，推广前景明朗，适用于大多数景区民宿。

案例 ❹
分散改造民房电采暖典型案例

4.1 项目基本情况

该项目位于北京市怀柔区，建筑类型为单层民房，总建筑面积200m²，其中厢房不涉及采暖，实际需采暖面积为100m²，分为客厅、五间卧室及两间厕所，冬季采暖室内末端已预埋地暖盘管。原有采暖设备为燃煤锅炉。

由于环境污染和雾霾问题，燃煤采暖方式已经被各地政府禁用，各地相继出台相关政策，要求对燃煤锅炉进行淘汰，用户需选择其他采暖方式。

该项目所在地太阳能资源丰富，有很大的开发利用价值，见表2.5。

表2.5　　　　怀柔地区太阳能相关数据表

月份	1	2	3	4	5	6
月平均室外气温（℃）	−4.6	−2.2	4.5	13.1	19.8	24
水平面月平均日太阳总辐照量[MJ/（m²·日）]	9.143	12.185	16.125	18.787	22.297	22.049
倾斜表面月平均日太阳总辐照量[MJ/（m²·日）]	15.081	17.141	19.155	18.714	20.175	18.672
月日照数（h）	200.8	201.5	239.7	259.9	291.8	268.8
月份	7	8	9	10	11	12
月平均室外气温（℃）	25.8	24.4	19.4	12.4	4.1	−2.7
水平面月平均日太阳总辐照量[MJ/（m²·日）]	18.701	17.365	16.542	12.730	9.206	7.889
倾斜表面月平均日太阳总辐照量[MJ/（m²·日）]	16.215	16.430	18.686	17.510	15.112	13.709
月日照数（h）	217.9	227.8	239.9	229.5	191.2	186.7

4.2 技术方案

4.2.1 方案比较

目前国内太阳能采暖和空气源热泵采暖技术相对成熟。但在目前的采暖方式中，空气源热泵、太阳能热水系统、地暖三种采暖系统是各自独立的，未能发挥综合效益。太阳能采暖受制于太阳能辐照的变化，存在间断性的特点；空气源热泵虽然可以连续使用，但在低温情况下系统化霜频繁导致能效比较低。将两者合理结合实现供暖，是一种有效的电能替代方案。

现把太阳能与热泵耦合采暖方案与电锅炉采暖、壁挂式燃气采暖方式的运行费用进行对比，见表2.6。

表2.6 三种方案的运行费用对比表

系统形式	平均每天耗能量	平均每天采暖费用
太阳能热泵耦合采暖	77.5kWh	38.7元/天
壁挂式燃气采暖	19.8m³	49.5元/天
电锅炉采暖	190.6kWh	69.8元/天

由计算可见，采用太阳能热泵耦合采暖的平均费用较壁挂式燃气采暖低。

电锅炉的初始投资约为6000元，太阳能热泵耦合采暖方式的初始投资约为2.7万元，与电锅炉采暖相比，一个采暖季节省3732元，投资回收年限为5.6年。

4.2.2 方案简述

本项目使用太阳能热泵耦合技术与换热末端结合实现户用采暖，是将太阳能与空气能转换成热能供给建筑物冬季采暖。项目现场布置如图2.5所示。本系统主要模块有低温热泵模块、高效太阳能模块、多能互补能源转换模块、采暖末端

图2.5 项目现场布置图

（a）太阳能集热器；（b）能源转换模块；（c）低温空气源热泵

和智能控制模块。

系统的技术原理如下：

太阳能集热器和多能互补能源转换模块（水箱）下部分分别设置有温度传感器测点。在晴好天气，太阳能集热器吸收太阳辐射能量，集热器的温度不断升高，通过对传感器测点的检测，当集热器检测点温度与水箱水温差升高至上限值时，太阳能模块循环水泵启动，循环加热水箱的水温，不断地将太阳能集热器的能量储存至水箱中。

随着水箱中水的不断循环，集热器的温度逐步下降，当集热器检测温度与水箱温度差达到设定下限值时，太阳能模块循环水泵停止。

在阴雨天气或太阳能不足的条件下，当转换温度达不到设定温度时，可启动超低温热泵模块对水箱的水循环加热，达到设定温度以满足供暖需求。

水箱中热水通过供暖循环泵在地板管线或小温差换热末端中进行循环，向建筑物内供热，满足室内的温度需要；供暖循环水泵可根据房间设定温度要求启停。

4.3 项目实施及运营

4.3.1 投资模式及项目建设

该项目由客户自行投资建设，总投资约2.7万元。该项目由客户自主经营和维护，设备部分由厂家维保。

4.3.2 项目实施流程

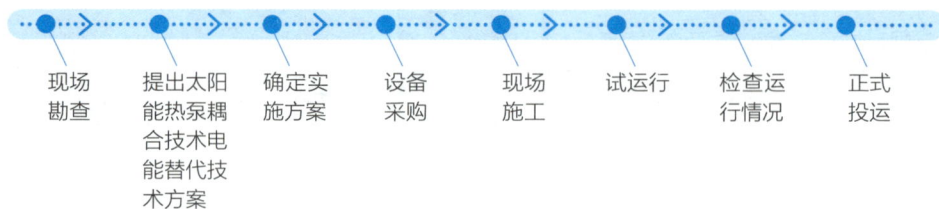

现场勘查 → 提出太阳能热泵耦合技术电能替代技术方案 → 确定实施方案 → 设备采购 → 现场施工 → 试运行 → 检查运行情况 → 正式投运

4.4 项目效益

4.4.1 经济效益分析

本项目采用太阳能耦合热泵采暖，系统运行时的平均性能参数为2.48，平均采暖费用较燃气采暖低21%，综合经济性较好，投资回收年限为5.6年。

4.4.2 社会效益分析

节能减排的环保效益。减少二氧化碳和各类污染物排放，提升用户生活品质。

安全效益。该技术成熟，系统运行稳定，可实现无人值守，安全性高，适用于居民用户。

产业发展、技术标准等效益。该项目为多个技术耦合项目，建设实施后运行情况良好，用户反响积极，对于实际应用和技术研究均有很大意义。

4.5　推广建议

4.5.1　经验总结

由于农村老百姓的采暖需求越来越强烈，局限于燃煤对环境的污染和雾霾的危害，农村无法使用燃煤进行采暖热水供应，而使用太阳能热泵耦合技术，可有效解决农村户用的采暖热水需求，用冷暖型热泵配合适合的末端还可实现夏季制冷功能，具有很好的推广意义。太阳能热泵耦合技术在实施过程中，主要需实现系统的模块化设计、标准化生产组装，减少现场安装的工作量，从而提高系统性能和稳定性。

4.5.2　推广策略建议

本项目中，太阳能热泵耦合技术主要用于建筑物冬季采暖，适用于无集中供暖热源条件的远郊区县建筑，能够在低温环境中正常运行。同时，太阳能热泵耦合技术可实现制冷、采暖、热水三联供，除满足户用采暖制冷热水需求外，还可在中小型供电所、办公场所、酒店、服务区、学校、医院等场所推广使用，其节能效果较电锅炉、燃气炉等设备均具有明显优势。

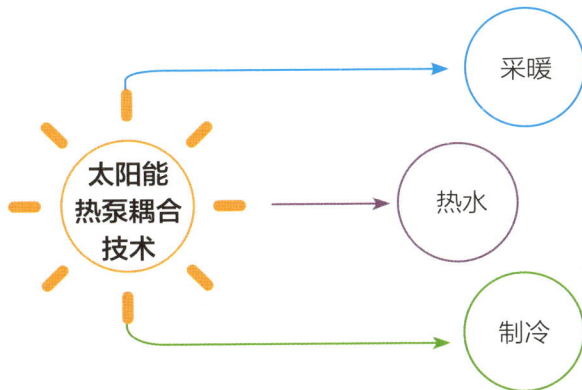

太阳能热泵耦合技术 → 采暖

太阳能热泵耦合技术 → 热水

太阳能热泵耦合技术 → 制冷

案例⑤
电厨炊改造典型案例

5.1 项目基本情况

某小学共有学生108名，属初等教育行业，执行居民生活电价。实施改造前学校使用薪柴和土灶做饭，污染高、排放大，学校为了解决薪柴问题常组织学生上山拾柴存在一定的安全风险，在夏季薪柴较少的季节学校需要额外购买，月均花费1500元左右。

为改善学生营养状况、提高学生健康水平、加快教育发展、促进教育公平，政府大力推行义务教育阶段学生营养改善计划，提供相应资金用于购置餐饮设备。为减少燃煤及薪柴使用，降低废气、烟尘排放，提高学校能源使用过程中的安全性，当地供电公司积极推进实施电炊具改造工程，使留守儿童也可干净亮堂、没有柴火等烟雾的食堂里吃饭，不用来回奔波，有更多的时间和精力用来学习。

5.2 技术方案

5.2.1 方案比较

现对燃气灶、柴油灶、电磁灶进行对比，见表2.7。相关计算以6kW热量炒菜合计1h为例。

表2.7　　　　　　　　　　燃气灶、柴油灶、电磁灶的对比表

名　称	燃气灶		柴油灶	电磁灶
	液化气	天然气		
所用能源	燃气	天然气	柴油	电
能源单价	7元/kg	4.5元/m³	7元/kg	0.538元/kWh
能源利用率（%）	30		15	90
折算成费用（元/h）	10.95	9	23.84	3.59

以一台灶一天有效利用4h计算，与瓶装液化天然气比较，用电磁灶可以节约5888元/年，一年就能收回投资成本。

同时电炊具具有以下优点：运行成本远低于其他灶具；厨房更干净整洁，无油料及因燃料带来的污染，提高了食品安全。

5.2.2　方案简述

该小学2016年实施电厨炊改造，共购置电炒锅（12kW）、电蒸车（每台13kW）、消毒柜、冰箱、馒头机、压面机、和面机、切片机各1台。该项目前期配套电网部分共新建10kV线路0.75km，新增100kV配电变压器1台。

5.3　项目实施及运营

5.3.1　投资模式及项目建设

该项目设备部分由学校申请费用一次性投入，投入资金约4.9万元。外部配电由供电公司投资，配套电网建设投资12.32万元。

5.3.2　项目实施流程

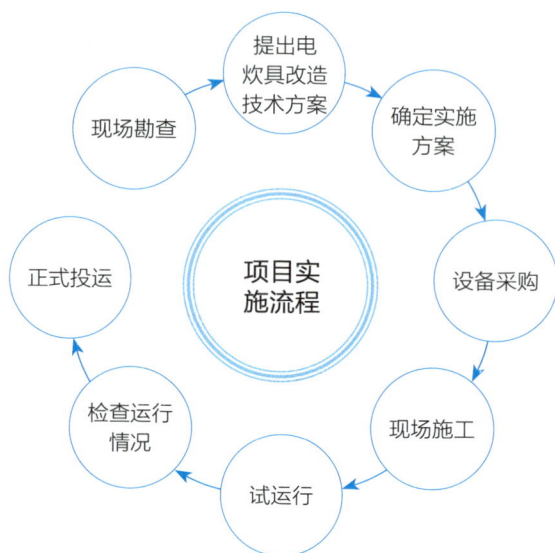

5.4　项目效益

5.4.1　经济效益分析

改造前月均花费1500元用于购买薪柴等燃料，改造后学校食堂每月电费支出900余元，节省燃料费用近半。

5.4.2　社会效益分析

> **环境**　　　学校食堂在使用原有薪柴和土灶的过程中造成大量污染气体排放，在学校营养餐电炊具改造项目后实现了"零排放"，大大提升了环保水平。

> **安全**　　　原有薪柴和土灶做饭方式存在引发火灾的可能，在学校这样的人口密集区域，安全风险较大。在电炊具改造项目实施后，供电公司对学校师生进行安全用电宣传，定期安排专人到现场进行用电检查，有效避免了火灾等不确定安全隐患。

> **餐食品质**　在政府用于学校营养餐经费不变的前提下提高了用于购买食材的费用，提高了伙食品质，改善了学生营养状况，提高了学生健康水平。

5.5　推广建议

5.5.1　经验总结

一、项目主要亮点

营养餐工程是国家为改善学生营养状况、提高学生健康水平、加快教育发展、促进教育公平而大力推行的义务教育阶段学生营养改善计划。实施学校营养餐电炊具改造项目具有投资小、见效快、"零排放"的优点，同时配套的电网建设工程可以解决公用变压器出现重过载、低电压问题。

二、注意事项及完善建议

实施学校营养餐电炊具改造项目需要结合所辖区域内的实际情况，工程配备的电炊具数量多、功率大，使用时将会导致公用变压器出现重过载、低电压问题。因此，有必要实施配套电网建设工程，以满足电厨炊改造工程用电需求。

5.5.2　推广策略建议

随着环境保护政策越来越严格，居民生活水平不断提高，居民生活相关领域的能源使用越来越偏向智能化、清洁化。电厨炊技术适用于居民生活相关领域，特别是适用于实行居民电价的各类学校等，具有良好的推广价值。供电公司加强技术指导，推介使用清洁化电炊具，加快居民生活相关领域电气化进程。

附录

居民生活领域
主要电能替代技术

> 电能替代技术是电能替代工作开展的先决条件和强力支撑。附录从技术原理、技术特点和使用场景三方面介绍了居民生活领域主要的替代技术，帮助该领域工作人员加深对电能替代工作的了解，以提供更精准、更专业、更优质的服务。

附录❶
居民电采暖技术

1.1 直热式电采暖

1.1.1 碳晶（石墨烯）采暖

一、技术原理

碳晶板主要由碳晶发热板、保温板、反射膜等组成，如附图1.1所示。其原理是通电运行时，在交变电场的作用下，发热体中碳原子之间产生分子运动并发生剧烈的摩擦和撞击，输入的电能被有效转换成超过60%的传导热能和超过30%的红外辐射热能，其电能与热能的转换率高达98%以上。

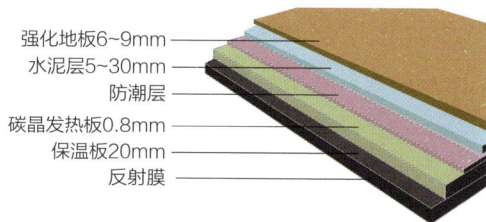

强化地板6~9mm
水泥层5~30mm
防潮层
碳晶发热板0.8mm
保温板20mm
反射膜

附图1.1 碳晶板结构图

二、技术特点和关键指标

碳晶（石墨烯）采暖技术的特点为：

按需配置
分区控制

碳晶采暖可按需配置安装，可实现分户、分室、分区域控制，温度控制精度高，可控性强。

安装容易方便快捷　　碳晶墙暖设备安装时不需要穿墙打孔，便捷易装、不占空间，可用于已装修房屋，并可做成壁画，美观大方。

应用广泛寿命较长　　碳晶采暖设备可适用于各类面积的房屋，且工艺先进，寿命较长，维护成本较低。

表面温度高注意防烫　　碳晶墙暖设备工作时的温度一般可达80℃以上，靠近时要避免烫伤。

关键参数　　额定功率、升温时间等。额定制热功率越高升温时间越短，供暖效果越好。

三、技术适用条件和应用场景

碳晶采暖初期投资相对较高，一般通过地暖或墙暖等方式安装。碳晶采暖设备升温速率快，即开即热，适用于不连续供暖用户，即白天人走关闭，使用时开启；碳晶墙暖特别适用于已装修房屋，安装快捷；适用于有供暖需求，燃气及市政供暖不能覆盖的区域；适用于需要分散、局部采暖的山区等地。

1.1.2　电热膜采暖

一、技术原理

电热膜是一种通电后能发热的半透明聚酯薄膜。电热膜主要由底板、隔热板、电热膜、保护膜等组成，如附图1.2所示。工作时以电热膜为发热体，将热量以辐射的形式送入空间，使人体和物体首先得到温暖，其综合效果优于传统的对流供暖方式。由于电热膜为纯电阻电路，除一小部分电能损失（2%），绝大部分电能（98%）都被转化成了热能。

底板
隔热板
电热膜(0.3mm)
保护膜(0.1mm)
表面材料
（复合地板、地板革、地毯等）

附图1.2　电热膜采暖结构图

二、技术特点和关键指标

电热膜采暖技术的特点为：

按需配置 分区控制	电热膜采暖设备可按需配置安装，实现分户、分室、分区域控制，温度控制精度高，可控性强。
安装容易 方便快捷	同碳晶采暖设备一样，电热膜采暖设备也能作为墙暖设备。
衰减较大 寿命较短	电热膜采暖因材料特点衰减较大，寿命相对较短。

关键参数　额定制热功率。额定制热功率越高，供暖效果越好。

三、技术适用条件和应用场景

电热膜采暖初期设备投资较低，使用寿命较短。电热膜采暖升温速率快，适用于间断供暖用户，即白天人走关闭，使用时开启；适用于有供暖需求，燃气及市政供暖不能覆盖的区域；适用于需要分散、局部采暖的区域；特别适用于出租房和简装房屋。

1.1.3　发热电缆采暖

一、技术原理

发热电缆由合金发热丝、交联聚乙烯绝缘层、金属屏蔽护套、PVC护套等组成（见附图1.3），发热电缆通电后，发热丝发热，并在40~60℃的温度间运行，埋设在填充层内的发热电缆，将热能通过热传导（对流）的方式和发出的8~13μm的远红外线辐射方式传给受热体。

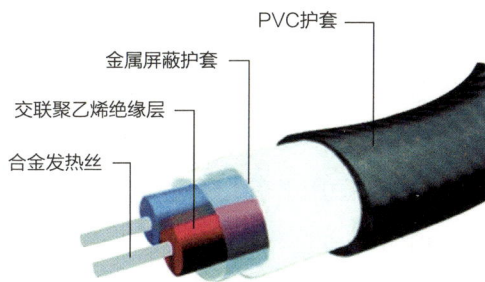

附图1.3　发热电缆结构图

二、技术特点和关键指标

发热电缆采暖技术的特点为：

控制灵活 按需配置　发热电缆采暖设备可按需配置安装，实现分户、分室、分区域控制，温度控制精度高，可控性强。

串联安装 维护成本高	发热电缆采暖设备一般是串联安装，一处断裂，影响整体使用，后期维护成本较高。
需要回填 升温速率慢	发热电缆是线式发热体，铺装后地面需要混凝土回填层，所以地面至少抬高5cm，升温速率慢，一般加热需要4~5h。
存在电磁 辐射影响	因技术原理和安装方式，发热电缆采暖设备存在一定的电磁辐射影响。

> 关键参数 ▶ 额定制热功率。额定制热功率越高，供暖效果越好。

三、技术适用条件和应用场景

发热电缆采暖方式初期设备投资低，但维护成本较高。发热电缆采暖设备一般只适用于地暖铺装，在房屋新装修时同步施工；升温速率较慢，适用于连续供暖的场合；适用于有供暖需求，燃气及市政供暖不能覆盖的区域；适用于需要分散、局部采暖的区域。

1.2 蓄热式电采暖

1.2.1 蓄热电锅炉采暖

一、技术原理

蓄热电锅炉采暖以电力为能源，经过锅炉转换，向外输出具有一定热能的蒸汽、高温水或有机热载体，从而将电能转化成为热能。按蓄热形式不同，蓄热电锅炉分为固体砖蓄热电锅炉、相变蓄热电锅炉、水蓄热电锅炉等。

二、技术特点和关键指标

蓄热电锅炉采暖技术的特点为：

供热量大 供暖面积大　蓄热电锅炉设备的供暖面积可以很大，适用于场地比较大的场所，末端选用比较灵活。

高效节能 运行经济　蓄热电锅炉设备在电价低谷时段蓄热，电价高峰时段供暖，可平衡电网峰谷差，降低设备运行成本。

功能多样 可供热水　蓄热电锅炉设备可在供暖的同时提供生活热水。

初期投资 较高 占地大　蓄热电锅炉设备的一次性投资较高，占地面积较大，需要锅炉房、蓄热罐等大型设备。

关键参数　额定功率、供回水温度等。额定功率越高，供暖效果越好，供回水温度应根据采暖需求调节。

三、技术适用条件和应用场景

蓄热电锅炉广泛应用于平原地区面积较大、相对集中的住宅楼、图书馆、学校等单体建筑或小区；适用于有供暖需求，燃气及市政供暖不能覆盖的区域。

1.2.2 蓄热电暖器采暖

一、技术原理

蓄热电暖器是采用电加热器，利用夜间低谷电，将电能转化为热能，并将热能存储在蓄热装置中，在白天需要供暖时，通过热风或热辐射方式，将热量逐渐释放出来，维持室内温度恒定。其结构如附图1.4所示。

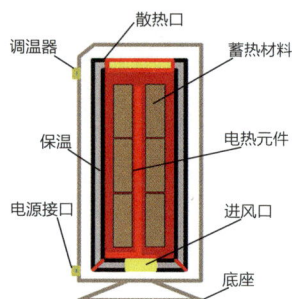

附图1.4　蓄热电暖器结构图

二、技术特点和关键指标

蓄热电暖器的技术特点为：

高效节能
经济实用

蓄热电暖器将夜间的低谷电转化为热量存储起来，运行成本更低。

控制灵活
按需配置

蓄热电暖器可按需配置，实现分户、分室、分区域控制，温度控制精度高。

安装容易
方便快捷

蓄热取暖器设备，安装便捷，可按采暖需求移动到不同房间。

关键参数   额定功率、蓄热量、蓄热率等。额定功率越高，供暖效果越好；蓄热量越大，蓄热率越高，经济性越好。

三、技术适用条件和应用场景

蓄热电暖器适用于选择峰谷电的用户；适用于需要临时采暖的用户；适用于有供暖需求，燃气及市政供暖不能覆盖的区域；适用于需要分散、局部采暖的区域。

1.3 热泵电采暖

一、技术原理

热泵供暖的原理是通过电能驱动压缩机做功，通过冷媒循环将室外低温热能转移至室内，利用较少的电力维持室内适宜的温度，如附图1.5所示。热泵制冷的原理与供暖刚好相反，热泵将夏季室内的热量转移到室外，使室内维持适宜温度。通常热泵的能效比性能系数为3~4，也就是说，热泵可将自身消耗能量3~4倍的热能从低温物体传送到高温物体。热泵按形式不同又可分为水源热泵、地源热泵和空气源热泵等。

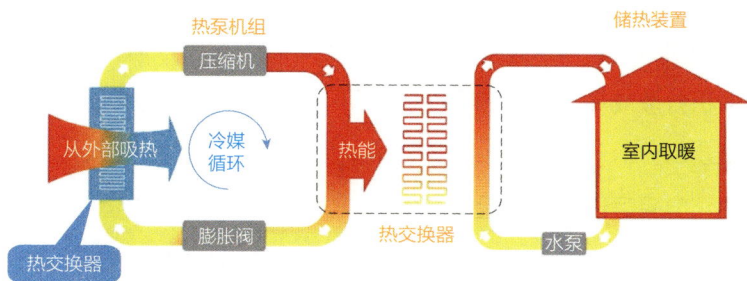

附图1.5 热泵采暖技术原理图

二、技术特点和关键指标

热泵电采暖的技术特点为：

**高效节能
运行经济**

热泵电采暖的效率可达300%以上，远高于其他类型采暖方式，节能效果显著；其运行成本更经济。

热泵电采暖一般能实现供热、供冷、供热水等多种功能，可在不同季节满足用户多种需求。

**功能多样
方便实用**

**初期投资
较高
占地大**

热泵电采暖的一次性投资较高，占地较大，特别是水源、地源热泵对场地有特定要求。

热泵电采暖的建设期较长，工程量较大，需在新装修时加以考虑。

**施工相对
复杂
周期长**

**关键
参数**

额定功率、能效比、供回水温度等。额定制热量越高，供暖面积越大；能效比越高，经济性越好；供回水温度应根据采暖需求调节。

三、技术适用条件和应用场景

热泵电采暖初期设备投资较高，使用期间存在一定的维护费用，适用于别墅等需要大面积分散或集中采暖的区域；适用于有供暖需求，燃气及市政供暖不能覆盖的区域。

地源热泵电采暖适用于有足够场地（以供打井）用户，更适合于有采暖、制冷、供热水等整体需求的集中住宅小区。水源热泵电采暖适用于有河流、污水管网等资源可利用的用户。

附录❷
家用电厨炊技术

家用电厨炊技术有很多种，这里主要介绍电磁炉。

一、技术原理

电磁炉是利用电磁感应加热的方式将锅具加热，最终实现加热锅内食物的一种新型炉具，主要由电磁线圈、微晶面板等部分组成（见附图1.6）。

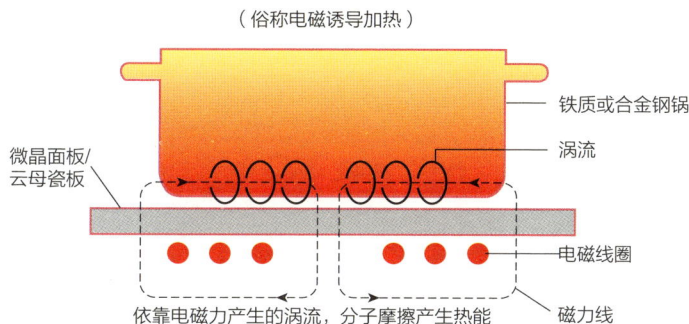

（俗称电磁诱导加热）

铁质或合金钢锅

涡流

微晶面板/云母瓷板

电磁线圈

磁力线

依靠电磁力产生的涡流，分子摩擦产生热能

附图1.6　电磁炉结构图

二、技术特点和关键指标

电磁炉的技术特点为：

节能高效经济运行

电磁炉是锅体自身发热，非明火加热，减少了热量传递损失，因而其热效率可达 80%～92%，节能效果明显，运行费用较低。

清洁环保
无污染源

电磁炉没有燃料残渍和废气污染，因而锅具、炉具都非常容易清洁，也避免了对食物的污染，实现了厨房的清洁卫生。

方便快捷
省心省事

电磁炉一般具备"一键操作"指示，可实现炒、蒸、煮、炖、涮等多种功能；精确控制烹饪温度，既节能又保证食品的美味；具有定时功能，在炖、煮、烧加热时，人可以走开做其他的事情，既省心又省时。

安全可靠
自动控制

电磁炉不产生明火，不会成为事故的诱因。电磁炉一般设有多种自动化保护装置，包括小物件检测、过热自动停机保护、过压或欠压自动停机保护、空烧自动停止加热保护、断电保护、自动停机保护以及声光报警显示等。

关键
参数

额定功率、面板类型等。额定功率越高，加热速度越快。

三、技术适用条件和应用场景

电磁炉要求配套锅具的材质必须为铁质或合金钢。电磁炉一般适用于各种居民小区、农村家庭等，特别适用于天然气无法供应的商住楼宇、限制明火使用的场所等。

附录❸
家用电热水器技术

家用电热水器技术主要介绍储水式和即热式电热水器。

一、技术原理

电热水器是指以电作为能源进行加热的热水器。电热水器按加热功率大小可分为储水式（又称容积式或储热式）、即热式两种。储水式电热水器结构如附图1.7所示。

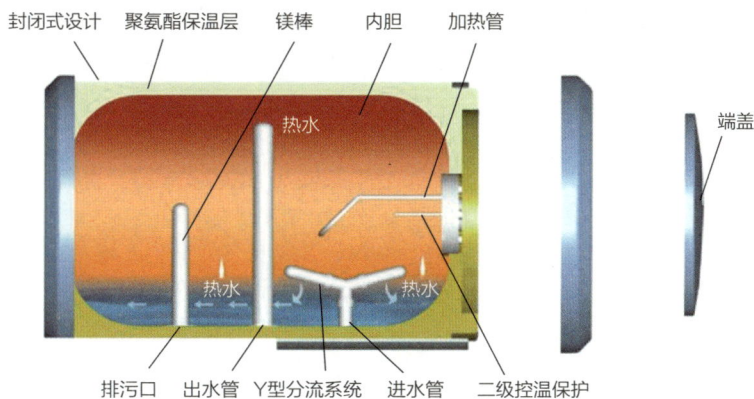

附图1.7　储水式电热水器结构图

二、技术特点和关键指标

储水式电热水器的特点为：安装方便，出水量大，水温稳定，能满足多路供水；但一般体积较大，使用前需要预热；一次加热后没用完的热水会慢慢冷却，易造成浪费；储水式电热水器加热的水温度高，易结垢，影响加热管寿命。

> **关键指标**　额定功率、储水容积、内胆材质等。额定功率越高，加热速率越快；储水容积越大，热水供应量越大。

即热式电热水器的特点：具有即开即热，节能环保，安装体积小、水温恒定等优点；但一般功率较大，对供电线路要求高。

> **关键参数**　额定功率、电热管性能。额定功率越高，加热速率越快。

三、技术适用条件和应用场景

电热水器一般适用于各种居民小区、农村家庭等，特别适用于没有天然气接入的商住楼宇的热水供应。其中即热式电热水器适用于供电容量富余的新建小区。

附录❹
其他家用电器类技术

随着人们生活水平的提高和对生活舒适性要求的提高，家用电器逐渐向智能化、网络化、节能化转变升级。居民家用电器主要有电视机、洗衣机、冰箱、空调等大型家电及吸尘器、空气过滤器、净水器等小型家电。通过加快推广智能家居技术和节能电器产品，将安全、绿色、高效、清洁电能推广普及到城乡居民生活的方方面面，将大力提升居民家庭电气化水平。

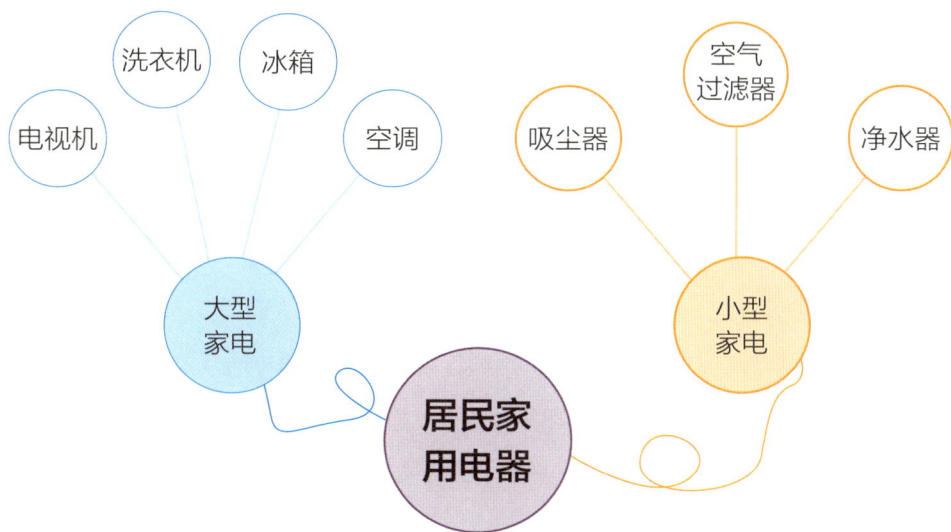

电视机　洗衣机　冰箱　空调　大型家电　居民家用电器　小型家电　吸尘器　空气过滤器　净水器

一、智能电视

智能电视是基于互联网应用技术，具备开放式操作系统与芯片，拥有开放式应用平台，可实现双向人机交互功能，集影音、娱乐、数据等多种功能于一体，以满足用户多样化和个性化需求的电视产品。其特点是带给用户更便捷的观影体验，关键铭牌参数为功率、能效等级、屏幕分辨率和搭载系统等。

二、智能洗衣机

洗衣机是利用电能产生机械作用来洗涤衣物的清洁电器，智能洗衣机拥有精准变频技术，全程手机可视，可故障自检，同时具有多种洗涤模式，可量身定制智能洗涤方案。其特点是智能便捷、节能高效，关键铭牌参数为功率、能效等级、洗涤容量等。

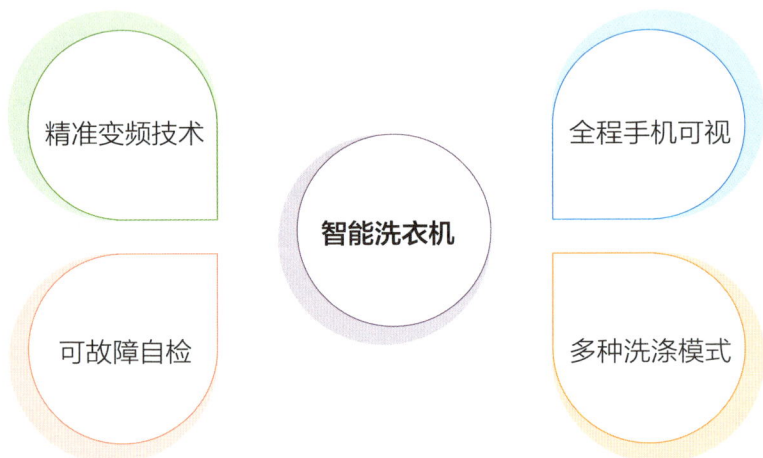

精准变频技术

全程手机可视

智能洗衣机

可故障自检

多种洗涤模式

三、智能冰箱

智能冰箱能自动进行模式调换，始终让食物保持最佳存储状态，可让用户通过手机或电脑，随时随地了解冰箱里食物的数量、保鲜保质信息。其特点是节能高效、保鲜效果出众、抗菌除味，关键铭牌参数为功率、能效等级、总容积、制冷方式、控制方式等。

四、智能空调

智能空调可根据外界气候条件，按照预先设定的指标对温度、湿度、空气清洁度传感器所传来的信号进行分析、判断，及时启动自动制冷、加热、去湿及空气净化等功能。其特点是系统操作更为人性化，缺点是容易出现故障停机，价格较高；关键铭牌参数为匹数、适用面积、功率、能效等级、制冷量/制热量等。

五、扫地机器人

扫地机器人能凭借一定的人工智能，自动在房间内完成地板清理工作。扫地机器人一般采用刷扫和真空方式，将地面杂物先吸纳进入自身的垃圾收纳盒，从而完成地面清理功能。其特点是能清扫不易清扫区域，对浮尘、纸屑、头发清理效果好，关键铭牌参数为额定功率、使用时长、吸力等。

六、空气净化器

空气净化器是指能够吸附、分解或转化各种空气污染物，有效提高空气清洁度的产品。空气净化器按照颗粒物去除技术分为机械滤网式、静电驻极滤网式、高压静电集尘式、负离子和等离子体式四种。其优点是能够快速净化污染，缺点是滤网寿命低，需定期更换。铭牌关键参数为适用面积、除菌原理、净化方式、耗电量等。

七、智能插座

智能插座是节约电量的一种插座，可透过无线局域网（WiFi）、蓝牙（Bluetooth）等方式与手持装置进行联结，主要功能为手机遥控、定时开关、防火阻燃、过载保护和联动家电等。家庭的热水器、加湿器、台灯、电饭煲、饮水机等家电设备连接智能插座后，人们通过手机可以随时随地操控家里的电器。

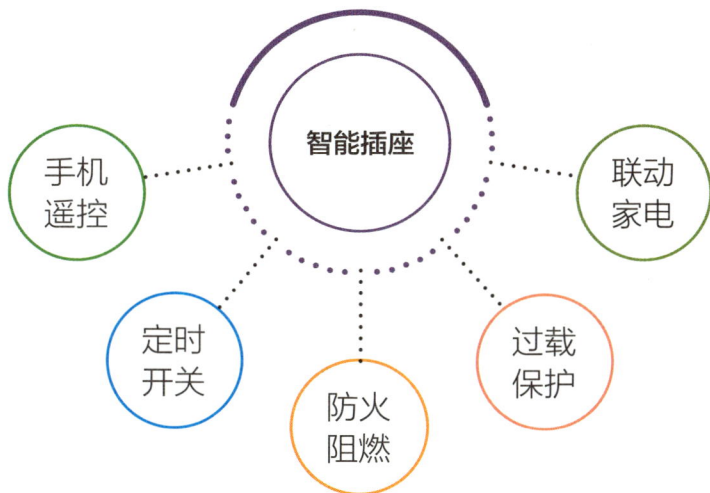